"十二五"职业教育国家规划教材（修订版）

经全国职业教育教材审定委员会审定

电气控制线路安装与检修

第 2 版

主　编　范次猛

参　编　谢敏玲　戴月根

机械工业出版社

本书是经全国职业教育教材审定委员会审定的"十二五"职业教育国家规划教材的修订版,是根据"电气设备运行与控制"专业教学标准,同时参考相关国家职业标准和行业职业技能鉴定规范编写的。

本书主要内容包括三相异步电动机、双速异步电动机、绕线转子异步电动机控制线路的安装与检修。本书采用项目化编写形式,对电气控制线路安装与检修的知识与技能进行了整合与构建,且每个任务中都附有思考与练习,便于自学。

本书可作为中等职业学校、技工学校电气设备运行与控制、机电技术应用等专业的教学用书。

为了便于教学,本书配套有PPT、电子教案动画视频(以二维码形式呈现)等资源,选择本书作为教材的教师可来电(010-88379195)索取或登录www.cmpedu.com注册、免费下载。

图书在版编目(CIP)数据

电气控制线路安装与检修/范次猛主编. —2版. —北京:机械工业出版社,2023.11 (2025.2重印)
"十二五"职业教育国家规划教材:修订版
ISBN 978-7-111-74145-9

Ⅰ.①电… Ⅱ.①范… Ⅲ.①电气控制-控制电路-安装-职业教育-教材 ②电气控制-控制电路-维修-职业教育-教材 Ⅳ.①TM571.2

中国国家版本馆CIP数据核字(2023)第203341号

机械工业出版社(北京市百万庄大街22号 邮政编码100037)
策划编辑:赵红梅 责任编辑:赵红梅 王宗锋
责任校对:闫玥红 封面设计:张 静
责任印制:邓 博
北京盛通数码印刷有限公司印刷
2025年2月第2版第3次印刷
184mm×260mm·10.5印张·256千字
标准书号:ISBN 978-7-111-74145-9
定价:37.00元

电话服务　　　　　　　　　　网络服务
客服电话:010-88361066　　机 工 官 网:www.cmpbook.com
　　　　　010-88379833　　机 工 官 博:weibo.com/cmp1952
　　　　　010-68326294　　金 书 网:www.golden-book.com
封底无防伪标均为盗版　　机工教育服务网:www.cmpedu.com

前 言

本书是"十二五"职业教育国家规划教材的修订版，是根据"电气设备运行与控制"专业教学标准，同时参考相关国家职业标准和行业职业技能鉴定规范编写的。

在编写本书的过程中进行了大量的企业调研，邀请许多企业专家参与了典型职业活动分析，并在职业教育专家的指导下将典型职业活动转化为学习领域课程，突破了以往学科体系教材的编写理念。本书以能力为本位、以工作过程为导向、以项目为载体、以实践为主线，本着符合行业企业需求、紧密结合生产实际、跟踪先进技术、强化应用、注重实践的原则设计应用项目，在任务实施的过程中强调技能、知识要素与情感态度要素相融合。

本书主要有以下几个特点：

1. 以任务为引领、以生产实践为主线，采用项目化的形式，对电气控制线路安装与检修的知识与技能进行重新构建，突出够用、实用、做学合一的课程改革理念。

2. 本书开发从"电气设备运行与控制"专业职业岗位（群）工作任务调研入手，并依据典型工作任务的能力要求进行分析、归纳、总结，形成不同的行动领域，再经过科学的分析，实现行动领域到学习领域的转化，构成课程框架。

3. 本书内容以学生职业能力培养为主线，按照科学性原则、情境性原则，以真实工作任务及其工作过程为依据，打破原有学科体系框架，进行模块化整合。

4. 编写过程中，注意生活实例与知识点的链接，注重在专业教学中渗透职业素养教育，培养学生诚实守信、善于沟通、团结合作的职业素养和品质，树立环保、节能、安全意识，为发展职业能力奠定良好的基础。

5. 配套立体化教学资源，包括PPT课件、电子教案，以及以二维码形式链接于书中相应位置的动画、视频资源，方便教师教学、学生自学。

本书由江苏省无锡交通高等职业技术学校范次猛任主编，并负责全书的统稿工作。全书共分3个项目，项目1由谢敏玲、范次猛编写，项目2由戴月根编写，项目3由范次猛编写，无锡信捷电气股份有限公司高平参与编写，并提出许多宝贵意见。本书由无锡机电高等职业技术学校邵泽强主审。

在本书编写过程中，编者参阅了国内出版的有关教材和资料，在此一并表示衷心的感谢！

由于编者水平有限，书中不妥之处在所难免，恳请读者批评指正。

编　者

二维码索引

页码	名称	二维码	页码	名称	二维码
8	断路器工作原理		75	星-三角形减压起动控制线路工作原理	
10	按钮工作原理		76	定子绕组串接电阻减压起动控制线路工作原理	
16	交流接触器工作原理		94	单向起动反接制动控制线路工作原理	
28	热继电器工作原理		107	改变极对数调速控制线路工作原理	
31	单向连续运行控制线路工作原理		128	中间继电器工作原理	
37	点动和连续混合正转控制线路工作原理		129	过电流继电器工作原理	
41	接触器联锁的正、反转控制线路工作原理		129	欠电流继电器工作原理	
49	直动式行程开关工作原理		131	过电压继电器工作原理	
53	自动往返行程控制线路工作原理		131	欠电压继电器工作原理	
63	顺序起动同时停止控制线路工作原理		132	转子绕组串接电阻起动控制线路工作原理	
72	通电延时型时间继电器工作原理				

目　录

前言

二维码索引

项目 1　安装与检修三相异步电动机基本控制线路 ··· 1

　任务 1　安装与检修三相异步电动机单向点动控制线路 ··· 2

　任务 2　安装与检修三相异步电动机单向连续运行控制线路 ··································· 26

　任务 3　安装与检修三相异步电动机正、反转控制线路 ··· 38

　任务 4　安装与检修三相异步电动机自动往返控制线路 ··· 48

　任务 5　安装与检修三相异步电动机顺序控制线路 ··· 60

　任务 6　安装与检修三相异步电动机减压起动控制线路 ··· 69

　任务 7　安装与检修三相异步电动机制动控制线路 ··· 86

项目 2　安装与检修双速异步电动机控制线路 ··· 103

　任务 1　安装与检修按钮接触器控制的双速异步电动机控制线路 ························· 104

　任务 2　安装与检修时间继电器控制的双速异步电动机控制线路 ························· 115

项目 3　安装与检修绕线转子异步电动机控制线路 ·· 125

　任务 1　安装与检修绕线转子异步电动机串联电阻起动控制线路 ························· 126

　任务 2　安装与检修绕线转子异步电动机凸轮控制器控制线路 ···························· 138

　任务 3　安装与检修绕线转子异步电动机串联频敏变阻器起动控制线路 ··············· 152

参考文献 ··· 161

项目1

安装与检修三相异步电动机基本控制线路

  日常生活中各种各样的家用电器为人们创造了便利和舒适的生活，工业生产中各种各样的生产机械减轻了操作者的劳动强度，提高了生产效率，带来了经济效益。电风扇、洗衣机等家用电器的运转，工业生产中使用的车床、钻床、起重机等各种生产机械的运转都是通过电动机来拖动的。显然，不同的家用电器和不同的生产机械，其工作性质和加工工艺不同，使得它们对电动机的控制要求不同。要使电动机按照人们的要求正常地运转，就要有相应的控制线路来控制它，图1-1为磨床电气控制柜。

  三相异步电动机是生产实践中应用最广泛的一种电动机，按其结构不同可分为笼型和绕线转子两种，其中笼型异步电动机的基本控制线路有单向点动控制线路，单向连续运转控制线路，正、反转控制线路，自动往返控制线路，顺序控制线路，减压起动线路，制动控制线路等。本项目将重点学习笼型异步电动机的控制方法，学会安装、调试与检修笼型异步电动机的常用控制线路。

图 1-1　磨床电气控制柜

学 习 目 标

知识与技能目标

1. 了解笼型异步电动机基本控制线路的工作原理。
2. 了解本项目所用低压电器的结构、工作原理,熟悉图形符号、文字符号。
3. 能识别本项目所用低压电器,并能正确地安装与使用。
4. 能识读笼型异步电动机基本控制线路的安装图和原理图。
5. 能独立完成笼型异步电动机基本控制线路的安装与调试,排除故障。
6. 掌握板前布线和线槽布线的工艺要求。

学习能力与素质目标

1. 通过由简单到复杂多个任务的学习,逐步培养学生具备线路安装与调试的基本能力。
2. 通过反复的识图训练,提高学生识读电气原理图的能力。
3. 具备查阅手册等工具书和设备铭牌、产品说明书、产品目录等资料的能力。
4. 激发学习兴趣和探索精神,掌握正确的学习方法。
5. 在实践中,培养学生的安全操作意识,以及做好本职工作的职业精神。
6. 培养学生的自学能力,以及与人沟通的能力。
7. 培养学生的团队合作精神,形成优良的协作能力和动手能力。

任务1

【任务描述】

三相异步电动机单向运转控制线路是三相异步电动机控制系统中最为简单的控制线路,有点动控制电路和连续运转控制线路之分。所谓点动控制,就是按下按钮电动机就运转,松开按钮电动机就停止的运动方式。它是一种短时断续控制方式,主要应用于设备的快速移动和校正装置。

某车间需安装一台台式钻床,如图1-2所示。现在要为此钻床安装点动控制线路,要求三相异步电动机采用接触器-继电器控制,点动运行,设置短路、欠电压和失电压保护,电气原理图如图1-3所示。电动机的额定电压为380V,额定功率为180W,额定电流为0.65A,额定转速为1440r/min。完成台式钻床点动运行控制线路的安装、调试,并进行简单故障排查。

【能力目标】

1. 会正确识别、选用、安装、使用常用低压电器（刀开关、组合开关、断路器、交流接触器、按钮、熔断器）,熟悉它们的功能、基本结构、工作原理及型号意义,熟记它们的

图 1-2　台式钻床的外形

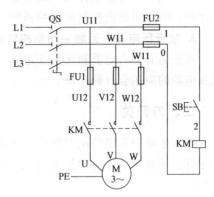

图 1-3　单向点动控制线路原理

图形符号和文字符号。

2. 会正确识读电动机点动控制线路原理图，会分析其工作原理。

3. 会选用元件和导线，掌握控制线路的安装要领。

4. 会安装、调试三相异步电动机单向点动控制线路。

5. 能根据故障现象对三相异步电动机单向点动控制线路的简单故障进行排查。

【相关知识】

一、低压电器的相关知识

电器在实际电路中的工作电压有高低之分，工作于不同电压下的电器可分为高压电器和低压电器两大类，凡工作在交流电压 1200V 及以下，或直流电压 1500V 及以下电路中的电器称为低压电器。

低压电器种类繁多，分类方法有很多种。

1. 按动作方式分

（1）手动控制电器

依靠外力（如人工）直接操作来进行切换的电器称为手动控制电器，如刀开关、按钮等。

（2）自动控制电器

依靠指令或物理量（如电流、电压、时间、速度等）变化而自动动作的电器称为自动控制电器，如接触器、继电器等。

2. 按用途分

（1）低压控制电器

低压控制电器主要在低压配电系统及动力设备中起控制作用，控制线路的接通、分断以及电动机的各种运行状态，如刀开关、接触器、按钮等。

（2）低压保护电器

低压保护电器主要在低压配电系统及动力设备中起保护作用，保护电源和电路或电动机，使它们不至于在短路状态和过载状态下运行，如熔断器、热继电器等。

有些电器既有控制作用，又有保护作用，如行程开关既可控制行程，又能作为极限位置的保护；断路器既能控制电路的通断，又能起短路、过载、欠电压等保护作用。

3. 按低压电器有无触头的结构特点分

可分为有触头电器和无触头电器。目前有触头电器仍占多数，随着电子技术的发展，无触头电器的应用会日趋广泛。

二、刀开关

日常生活中所说的闸刀就是刀开关。合上闸刀，交流电就引入用户的配电板，但是如果要开灯，还要按下相应的控制开关。刀开关在日常照明电路中就是起到了电源引入开关的作用。

刀开关又称负荷开关，它属于手动控制电器，是一种结构最简单且应用最广泛的低压电器，它不仅可以作为电源的引入开关，也可用于小功率的三相异步电动机不频繁地起动或停止的控制。

1. 刀开关的结构

刀开关又有开启式负荷开关和封闭式负荷开关之分，以开启式负荷开关为例，它的结构示意图和符号如图 1-4 所示。

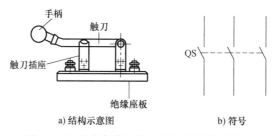

a) 结构示意图　　　　　b) 符号

图 1-4　开启式负荷开关的结构示意图和符号

刀开关的瓷底板上装有进线座、静触头、熔体、出线座和刀片式的动触头，外面装有胶盖，不仅可以保证操作人员不会触及带电部分，并且分断电路时产生的电弧也不会飞出胶盖外面而灼伤操作人员。图 1-5 是刀开关的实物。

2. 刀开关的选择与使用

（1）刀开关的选择

1）用于照明或电热负载时，刀开关的额定电流应等于或大于被控制线路中各负载额定电流之和。

2）用于电动机负载时，开启式负荷开关的额定电流一般为电动机额定电流的 3 倍；封闭式负荷开关的额定电流一般为电动机额定电流的 1~5 倍。

（2）刀开关的使用

1）刀开关应垂直安装在控制屏或开关板上。

2）对刀开关接线时，电源进线和出线不能接反。开启式负荷开关的上接线端应接电源进线，负载则接在下接线端，便于更换熔体。

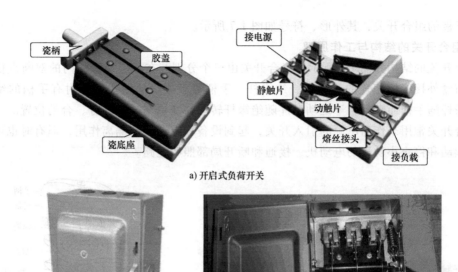

a) 开启式负荷开关

b) 封闭式负荷开关

图 1-5　刀开关的实物

3）封闭式负荷开关的外壳应可靠地接地，防止意外漏电使操作者发生触电事故。

4）更换熔体应在开关断开的情况下进行，且应更换与原规格相同的熔体。

3. 刀开关的型号含义

刀开关的型号含义如图 1-6 所示。HK 系列开启式负荷开关的主要技术参数见表 1-1。

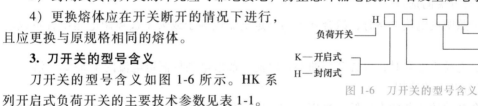

图 1-6　刀开关的型号含义

表 1-1　HK 系列开启式负荷开关的主要技术参数

型号	极数	额定电流/A	额定电压/V	可控制电动机最大功率/kW		配用熔体规格			
						熔体成分（%）			熔体线径/mm
				220V	380V	铅	锡	锑	
HK1-15	2	15	220	—	—	98	1	1	1.45~1.59
HK1-30	2	30	220	—	—				2.30~2.52
HK1-60	2	60	220	—	—				3.36~4.00
HK1-15	3	15	380	1.5	2.2				1.45~1.59
HK1-30	3	30	380	3.0	4.0				2.30~2.52
HK1-60	3	60	380	4.5	5.5				3.36~4.00

三、组合开关

组合开关又称转换开关，它的作用与刀开关的作用基本相同，只是比刀开关少了熔体，常用于工厂，很少用在家庭生活中。它的种类很多，有单极、双极、三极和四极等多种。常用的是三极的组合开关，其外形、符号如图 1-7 所示。

1. 组合开关的结构与工作原理

组合开关的结构如图 1-8 所示。组合开关由三个分别装在三层绝缘件内的双断点桥式动触片、与盒外接线柱相连的静触片、绝缘杆、手柄等组成。动触片装在附有手柄的绝缘杆上，绝缘杆随手柄而转动，于是动触片随绝缘杆转动并变更与静触片分、合的位置。

组合开关常用来作为电源的引入开关，起到设备和电源间的隔离作用，但有时也可以用来直接起动和停止小功率的电动机，接通和断开局部照明电路。

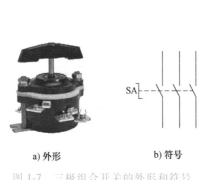

a) 外形　　　　b) 符号

图 1-7　三极组合开关的外形和符号

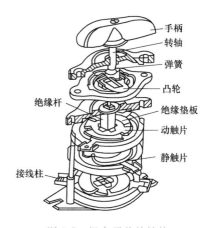

图 1-8　组合开关的结构

2. 组合开关的选择与使用

（1）组合开关的选择

1）用于照明或电热电路时，组合开关的额定电流应等于或大于被控制电路中各负载电流的总和。

2）用于电动机电路时，组合开关的额定电流一般取电动机额定电流的 1.5~2.5 倍。

（2）组合开关的使用

1）组合开关的通断能力较低，当用于控制电动机作可逆运行时，必须在电动机完全停止运行后，才能反向接通。

2）当操作频率过高或负载的功率因数较低时，转换开关要降低容量使用，否则会影响开关寿命。

3. 组合开关的型号含义

组合开关的型号含义如图 1-9 所示。HZ10 系列组合开关的技术参数见表 1-2。

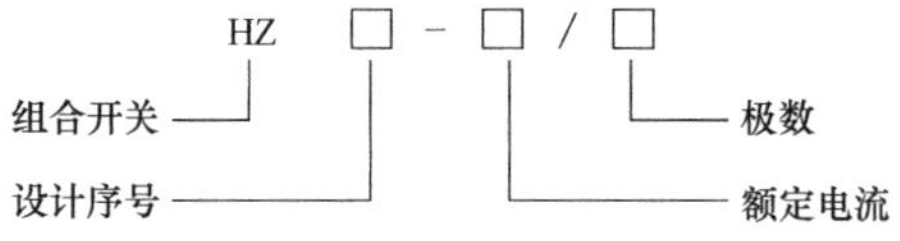

图 1-9　组合开关的型号含义

表 1-2　HZ10 系列组合开关主要技术参数

型号	额定电压/V	额定电流/A		380V 时可控制电动机的功率/kW
		单极	三极	
HZ10-10		6	10	1
HZ10-25	DC220	—	25	3.3
HZ10-60	或 AC380	—	60	5.5
HZ10-100		—	100	

4. 组合开关的检测

组合开关位于同一个水平面上的两个静触片是一对静触片。当手柄位于水平位置（见图1-7），三对触片都是断开的，当手柄位于垂直位置，三对触片都是接通的（见图1-10）。

图 1-10　组合开关检测示意图

四、断路器

现在家用的配电板上，已经很少用刀开关了，代替它的是更为先进，具有多种保护功能的断路器，它能更好地保护人们的人身安全。

断路器俗称自动开关或空气开关，它既是控制电器，同时又具有保护电器的功能。当电路中发生短路、过载、失电压等故障时，能自动切断电路。在正常情况下也可用作不频繁地接通和断开电路或控制电动机。断路器的外形、结构和符号如图1-11所示。

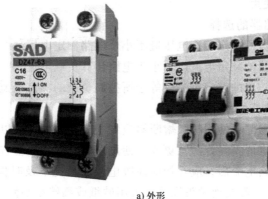

a) 外形

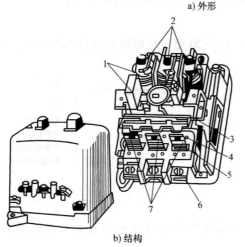

b) 结构

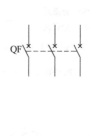

c) 符号

图 1-11　断路器的外形、结构和符号

1—按钮　2—电磁脱扣器　3—自由脱扣器　4—动触头　5—静触头　6—接线柱　7—热脱扣器

1. 断路器的工作原理

图1-12是断路器的动作原理示意图。

断路器的主触头是靠操作机构手动或电动合闸的，并且自由脱扣机构将主触头锁在合闸位置上。如果电路发生故障，自由脱扣机构在有关脱扣器的推动下动作，使钩子脱开。于是主触头在弹簧作用下迅速分断。过电流脱扣器的线圈和热脱扣器的热元件与主电路串联，失电压脱扣器的线圈与电路并联。当电路发生短路或严重过载时，过电流脱扣器的衔铁被吸合，使自由脱扣机构动作。当电路过载时，热脱扣器的热元件产生的热量增加，使双金属片向上弯曲，推动自由脱扣机构动作。当电路失电压时，失电压脱扣器的衔铁释放，也使自由脱扣机构动作。

断路器广泛应用于低压配电电路上，也用于控制电动机及其他用电设备。

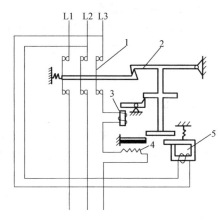

图 1-12　断路器的动作原理示意图

1—主触头　2—自由脱扣器　3—过电流脱扣器　4—热脱扣器　5—失电压脱扣器

2. 断路器的选择和使用

断路器
工作原理

（1）断路器的选择

1）断路器的额定工作电压应不小于电路额定电压。

2）断路器的额定电流应不小于电路计算负载电流。

3）热脱扣器的整定电流应等于所控制负载的额定电流。

（2）断路器的使用

1）当断路器与熔断器配合使用时，熔断器应装于断路器之前，以保证使用安全。

2）电磁脱扣器的整定值不允许随意更改，使用一段时间后应检查其动作的准确性。

3）断路器在分断短路电流后，应在切除前级电源的情况下及时检查触头。如有严重的电灼痕迹，可用干布擦去；若发现触头烧毛，可用砂纸或细锉小心修整。

3. 断路器的型号含义

断路器的型号含义如图 1-13 所示。DZ5-20 型低压断路器的技术参数见表 1-3。

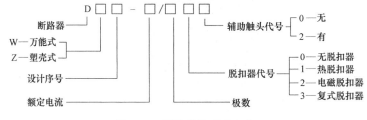

图 1-13　断路器的型号含义

 **想一想**　请大家思考，如果没有漏电保护一旦电路出现短路会发生什么现象？（引入安全教育，安全第一。）

五、按钮

按钮是一种手动电器，通常用来接通或断开小电流控制的电路。它不直接去控制主电路的通断，而是在控制电路中发出"指令"去控制接触器、继电器等电器，再由它们去控制主电路。

表 1-3　DZ5-20 型低压断路器的技术参数

型号	额定电压/V	主触头额定电流/A	极数	脱扣器形式	热脱扣器额定电流(括号内为整定电流调节范围)/A	电磁脱扣器瞬时动作整定值/A
DZ5-20/330 DZ5-20/230	AC380 DC220	20	3 2	复式	0.15(0.10~0.15) 0.20(0.15~0.20) 0.30(0.20~0.30) 0.45(0.30~0.45) 0.65(0.45~0.65)	为电磁脱扣器额定电流的 8~12 倍(出厂时整定于 10 倍)
DZ5-20/320 DZ5-20/220	AC380 DC220	20	3 2	电磁式	1(0.65~1) 1.5(1~1.5) 2(1.5~2) 3(2~3) 4.5(3~4.5)	
DZ5-20/310 DZ5-20/210	AC380 DC220	20	3 2	热脱扣器式	6.5(4.5~6.5) 10(6.5~10) 15(10~15) 20(15~20)	
DZ5-20/300 DZ5-20/200	AC380 DC220	20	3 2	无脱扣器式		

按钮一般由按钮帽、复位弹簧、动触头、静触头和外壳等组成。

按钮根据触头结构的不同，可分为常开按钮、常闭按钮，以及将常开和常闭封装在一起的复合按钮等几种。图 1-14 为按钮结构示意图及符号。

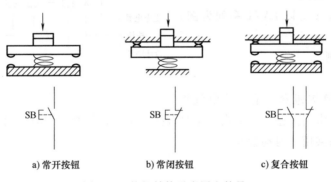

a) 常开按钮　　　b) 常闭按钮　　　c) 复合按钮

图 1-14　按钮结构示意图和符号

1. 按钮的工作原理

图 1-14a 为常开按钮，平时触头分开，手指按下时触头闭合，松开手指后触头分开，常用作起动按钮。图 1-14b 为常闭按钮，平时触头闭合，手指按下时触头分开，松开手指后触头闭合，常用作停止按钮。图 1-14c 为复合按钮，一组为常开触头，一组为常闭触头，手指按下时，常闭触头先断开，继而常开触头闭合，松开手指后，常开触头先断开，继而常闭触头闭合。

除了这种常见的直上直下的操作形式即揿钮式按钮之外，还有自锁式、紧急式、钥匙式和旋钮式按钮。图 1-15 为各种按钮的外形。

紧急式按钮表示紧急操作，按钮上装有蘑菇形钮帽，颜色为红色，一般安装在操作台（控制柜）明显位置上。

2. 按钮的选用

1）根据使用场合和具体用途选择按钮的种类。例如，嵌装在操作面板上的按钮可选用

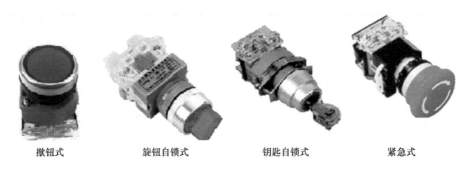

| 撤钮式 | 旋钮自锁式 | 钥匙自锁式 | 紧急式 |

图 1-15　各种按钮的外形

开启式；需显示工作状态的选用光标式；需要防止无关人员误操作的重要场合宜选用钥匙式；在有腐蚀性气体处要用防腐式。

2）按工作状态指示和工作情况的要求，选择按钮和指示灯的颜色。例如，起动按钮可选用白、灰或黑色，优先选用白色，也可选用绿色；急停按钮应选用红色；停止按钮可选用黑、灰或白色，优先选用黑色，也可选用红色。

3）按控制电路的需要，确定按钮的触头形式和触头的组数，如选用单联钮、双联钮和三联钮等。

3. 按钮的型号含义

按钮的型号含义（以 LAY1 系列为例）如图 1-16 所示。

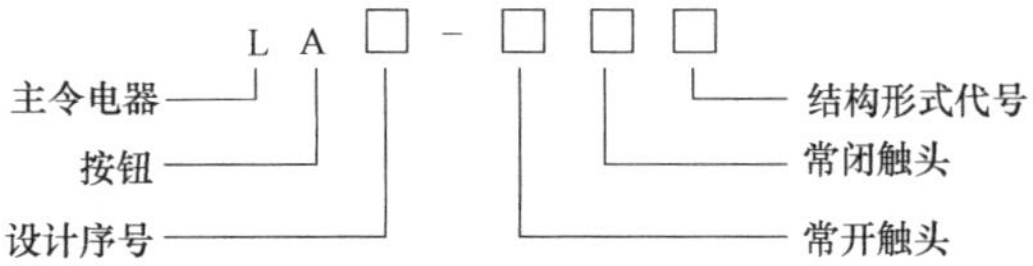

```
              L A □ - □ □ □
主令电器 ————                    ———— 结构形式代号
    按钮 ————                    ———— 常闭触头
设计序号 ————                    ———— 常开触头
```

图 1-16　按钮型号含义

4. 按钮的检测

（1）认识触头

图 1-17 为三色按钮盒，是学校电气控制线路安装实训室常用按钮盒，它由三个复合按钮组成，每个按钮有一对常开触头和一对常闭触头，两对触头共用一对动触头。

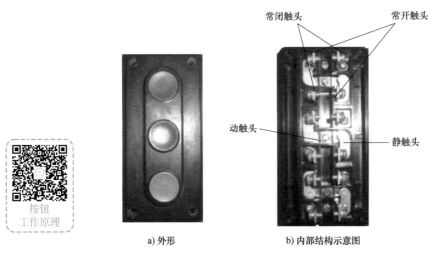

a) 外形　　　　b) 内部结构示意图

图 1-17　三色按钮盒的外形和内部结构示意图

（2）检测

将万用表拨到 $R×100Ω$ 档或 $R×1kΩ$ 档。

1）检测常开触头。红、黑表笔分别搭在常开触头两接线柱上，指针应不偏转，如图 1-18a 所示；红、黑表笔分别搭在常开触头两接线柱上，按下按钮，指针应指向 0，如图 1-18b 所示。

a) 未按下按钮

b) 按下按钮

图 1-18　常开触头的检测

2）检测常闭触头。红、黑表笔分别搭在常闭触头两接线柱上，指针应偏转到 0 刻度，如图 1-19a 所示；红、黑表笔分别搭在常闭触头两接线柱上，按下按钮，指针应偏回到∞刻度处，如图 1-19b 所示。

六、熔断器

熔断器是一种广泛应用的最简单有效的保护电器，常在低压电路和电动机控制电路中起过载保护和短路保护作用。它串联在电路中，当通过的电流大于规定值时，使熔体熔化而自动分断电路。

熔断器一般可分为瓷插式熔断器、螺旋式熔断器、无填料封闭管式熔断器、有填料封闭管式熔断器、快速熔断器和自复式熔断器等，其外形和符号如图 1-20 所示。

1. 熔断器的工作原理

熔断器主要由熔体、安装熔体的熔管和熔座三部分组成，主要元件是熔体，它是熔断器的核心部分，常做成丝状或片状。在小电流电路中，常用铅锡合金和锌等低熔点金属做成圆

a) 未按下按钮

b) 按下按钮

图 1-19   常闭触头检测

截面熔体；在大电流电路中则用银、铜等较高熔点的金属做成薄片，便于灭弧。

使用熔断器时应当将其串联在所保护的电路中。电路正常工作时，熔体允许通过一定大小的电流而不熔断，当电路发生短路或严重过载时，熔体温度上升到熔点而熔断，将电路断开，从而保护了电路和用电设备。

2. 熔断器的选择与使用

（1）熔断器的选择

选择熔断器时，主要是正确选择熔断器的类型和熔体的额定电流。

1）应根据使用场合选择熔断器的类型。电网配电一般用管式熔断器；电动机保护一般用螺旋式熔断器；照明电路一般用瓷插式熔断器；保护晶闸管则应选择快速熔断器。

2）熔体额定电流的选择

对于变压器、电炉和照明等负载，熔体的额定电流应略大于或等于负载电流。

对于输配电电路，熔体的额定电流应略大于或等于电路的安全电流。

对电动机负载，熔体的额定电流应等于电动机额定电流的 1.5～2.5 倍。

（2）熔断器的使用

1）对不同性质的负载，如照明电路、电动机电路的主电路和控制电路等，应分别保护，并装设单独的熔断器。

2）安装螺旋式熔断器时，必须注意将电源线接到瓷底座的下接线端（即低进高出的原则），如图 1-21 所示，以保证安全。

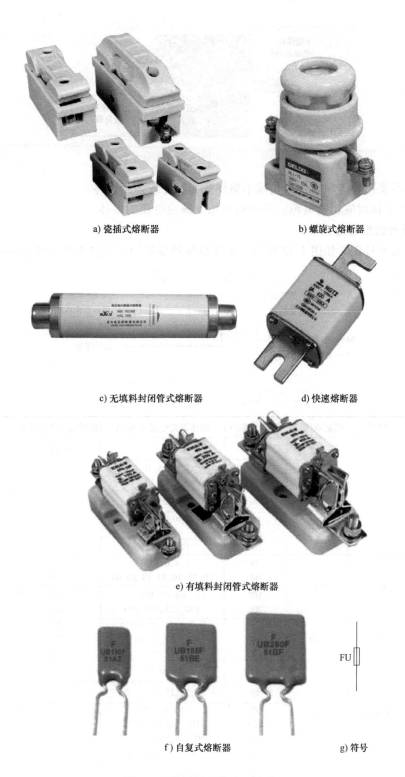

a) 瓷插式熔断器   b) 螺旋式熔断器

c) 无填料封闭管式熔断器   d) 快速熔断器

e) 有填料封闭管式熔断器

f) 自复式熔断器   g) 符号

图 1-20 熔断器的外形和符号

3）为瓷插式熔断器安装熔体时，熔体应顺着螺钉旋紧方向绕过去，同时应注意不要划

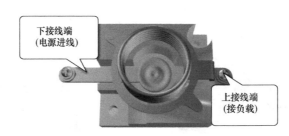

图 1-21　螺旋式熔断器接线端示意图

伤熔体，也不要把熔体绷紧，以免减小熔体截面尺寸或插断熔体。

4）更换熔体时应切断电源，并应换上相同额定电流的熔体。

3. 熔断器的型号含义

熔断器的型号含义如图 1-22 所示。常见低压熔断器的主要技术参数见表 1-4。

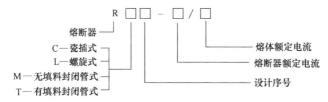

图 1-22　熔断器的型号

表 1-4　常见低压熔断器的主要技术参数

类别	型号	额定电压/V	额定电流/A	熔体额定电流等级/A	极限分辨能力/kA	功率因数
瓷插式熔断器	RC1A	380	5	2、5	0.25	0.8
			10	2、4、6、10	0.5	
			15	6、10、15		
			30	20、25、30	1.5	0.7
			60	40、50、60	3	0.6
			100	80、100		
			200	120、150、200		
螺旋式熔断器	RL1	500	15	2、4、6、10、15	2	≥0.3
			60	20、25、30、35、40、50、60	3.5	
			100	60、80、100	20	
			200	100、125、150、200	50	
	RL2	500	25	2、4、6、10、15、20、25	1	
			60	25、35、50、60	2	
			100	80、100	3.5	
无填料封闭管式熔断器	RM10	380	15	6、10、15	1.2	0.8
			60	15、20、25、35、45、60	3.5	0.7
			100	60、80、100	10	0.35
			200	100、125、160、200		
			350	200、225、260、300、350		
			600	350、430、500、600	12	0.35
有填料封闭管式熔断器	RT0	AC380 DC440	100	30、40、50、60、100	AC50 DC25	>0.3
			200	120、150、200、250		
			400	300、350、400、450		
			600	500、550、600		

（续）

类别	型号	额定电压/V	额定电流/A	熔体额定电流等级/A	极限分辨能力/kA	功率因数
快速熔断器	RLS2	500	30	16、20、25、30	50	0.1～0.2
			63	35、(45)、50、63		
			100	(75)、80、(90)、100		

七、交流接触器

接触器是一种电磁式的自动切换电器，因其具有灭弧装置，而适用于远距离频繁地接通或断开交、直流主电路及大容量的控制电路。其主要控制对象是电动机，也可控制其他负载。

接触器按主触头通过的电流种类，可分为交流接触器和直流接触器两大类。以交流接触器为例，它的外形如图 1-23a 所示，结构示意图如图 1-23b 所示，符号如图 1-24 所示。

a) 交流接触器的外形

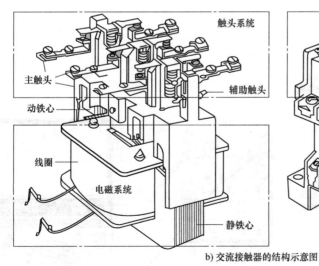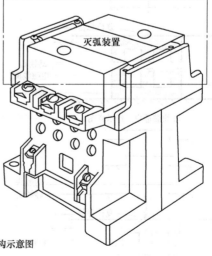

b) 交流接触器的结构示意图

图 1-23　交流接触器的外形和结构示意图

1. 交流接触器的结构

交流接触器由以下 4 部分组成：

1）电磁系统：用来操作触头的闭合与分断。它包括静铁心、吸引线圈、动铁心（衔铁）。铁心用硅钢片叠成，以减少铁心中的铁损，在铁心端部极面上装有短路环，其作用是消除交流电磁铁在吸合时产生的振动和噪声。

图1-24 交流接触器符号

2）触头系统：起着接通和分断电路的作用。它包括主触头和辅助触头。通常主触头用于通断电流较大的主电路，辅助触头用于通断小电流的控制电路。

3）灭弧装置：起着熄灭电弧的作用。

4）其他部件：主要包括恢复弹簧、缓冲弹簧、触点压力弹簧、传动机构及外壳等。

2. 交流接触器的工作原理

当接触器的线圈得电以后，线圈中流过的电流产生磁场将铁心磁化，使铁心产生足够大的吸力，克服反作用弹簧的弹力，将衔铁吸合，使它向着静铁心运动，通过传动机构带动触头系统运动，所有的常开触头都闭合，常闭触头都断开，如图1-25a所示。

当吸引线圈断电后，在恢复弹簧的作用下，动铁心和所有的触头都恢复到原来的状态，如图1-25b所示。

交流接触器
工作原理

接触器适用于远距离频繁接通和切断电动机或其他负载的主电路，由于具备低电压释放功能，所以还作为保护电器使用。

3. 交流接触器的检测

将万用表拨到 $R×100\Omega$ 档。

（1）线圈的检测

如图1-26所示，标有A1、A2的是线圈的接线柱，线圈阻值一般正常值为几百欧。

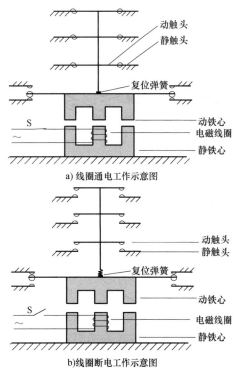

a) 线圈通电工作示意图

b) 线圈断电工作示意图

图1-25 交流接触器工作原理示意图

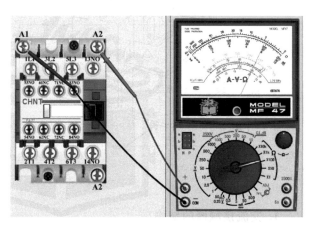

图1-26 线圈检测示意图

（2）主触头检测

主触头是常开触头，平时处于断开状态，如图 1-27a 所示，检测时按下试吸合按钮，触头接通，如图 1-27b 所示。

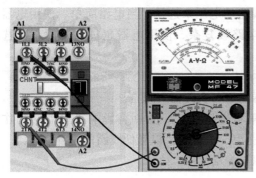

a）未按试吸合按钮　　　　　　　　　　b）按下试吸合按钮

图 1-27　主触头检测示意图

（3）辅助触头检测

常开辅助触头的检测方法与主触头的检测方法相同。常闭辅助触头平时处于接通状态，如图 1-28a 所示，检测时按下试吸合按钮，触头断开，如图 1-28b 所示。

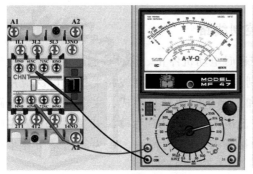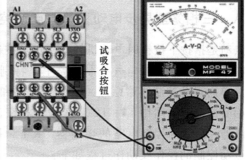

a）未按试吸合按钮　　　　　　　　　　b）按下试吸合按钮

图 1-28　辅助触头检测示意图

想一想　为什么要检测接触器？

为了确保接触器能正常工作。（同学们在平时要注重养成严谨的工作态度。）

4. 交流接触器的选择

（1）接触器类型的选择

接触器的类型有交流和直流两类，应根据接触器所控制负载性质选择接触器的类型。通常交流负载选用交流接触器，直流负载选用直流接触器，如果控制系统中主要是交流负载，而直流负载容量较小时，也可用交流接触器控制直流负载，但触头的额定电流应适当选大一些。

（2）接触器操作频率的选择

操作频率是指接触器每小时通断的次数。当通断电流较大及通断频率较高时，会使触头过热甚至熔焊。接触器若使用在频繁起动、制动及正反转的场合，应将接触器主触头的额定电流降低一个等级使用。

（3）接触器额定电压和额定电流的选择

1）接触器主触头的额定电流（或电压）应大于或等于负载电路的额定电流（或电压）。

2）吸引线圈的额定电压，则应根据控制线路的电压来选择。当电路简单、使用电器较少时，可选用380V或220V电压的线圈；若电路较复杂、使用电器超过5个时，可选用110V及以下电压等级的线圈，以保证安全。

5. 接触器的使用

1）接触器安装前应先检查线圈的额定电压是否与实际需要相符。

2）接触器的安装多为垂直安装，其倾斜角不得超过5°，否则会影响接触器的动作特性；安装有散热孔的接触器时，应将散热孔放在上、下位置，以降低线圈的温升。

3）接触器安装与接线时应将螺钉拧紧，以防振动松脱。

4）接线器的触头应定期清理，若触头表面有电弧灼伤时，应及时修复。

6. 接触器的型号含义

交流接触器的型号含义如图1-29所示。

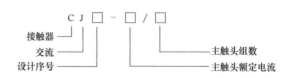

图1-29 交流接触器的型号含义

八、三相笼型异步电动机单向点动控制线路

点动是指按下按钮时电动机转动，松开按钮时电动机停止。这种控制是最基本的电气控制，在很多机械设备的电气控制线路上，特别是在机床电气控制线路上得到广泛应用。图1-30为单向点动控制线路原理，它由主电路和控制电路两部分组成，主电路和控制电路共用三相交流电源。图中L1、L2、L3为三相交流电源电路，QF为电源开关，FU1为主电路的熔断器，FU2为控制电路的熔断器，KM为接触器，SB为按钮，M为三相笼型异步电动机。点动控制的操作及动作过程如下：

首先合上电源开关QF，接通主电路和控制电路的电源。

按下按钮SB→SB常开触头接通→接触器KM线圈通电→接触器KM（常开）主触头接通→电动机M通电起动并进入工作状态。

松开按钮SB→SB常开触头断开→接触器KM线圈断电→接触器KM主触头（常开）断开→电动机M断电并停止工作。

由上述可见，当按下按钮SB（应按到底且不要放开）时，电动机转动；松开按钮SB时，电动机M停止。

熔断器FU1为主电路的短路保护，熔断器FU2为控制电路的短路保护。

【任务实施】

一、使用材料、工具与仪表

1）完成本任务所需工具与仪表为螺钉旋具、尖嘴钳、斜嘴钳、剥线钳、万用表等。

2）完成本任务所需材料明细表见表1-5。

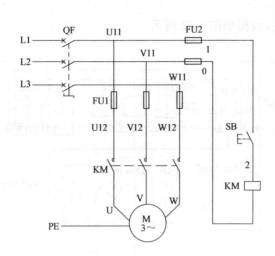

图 1-30　单向点动控制线路原理

表 1-5　单向点动控制线路电器元件明细表

序号	代号	名称	型号	规格	数量
1	M	三相笼型异步电动机	YS6324	380V,180W,0.65A,1440r/min	1
2	QF	断路器	DZ47-63	380V,25A,整定 20A	1
3	FU1	熔断器	RL1-60/25A	500V,60A,配 25A 熔体	3
4	FU2	熔断器	RT18-32	500V,配 2A 熔体	2
5	KM	交流接触器	CJX-22	线圈电压 220V,20A	1
6	SB	按钮	LA-18	5A	1
7	XT	端子板	TB1510	600V,15A	1
8		电路板安装套件			1

二、安装步骤及工艺要求

1. 检测电器元件

根据表 1-5 配齐所用电器元件,其各项技术指标均应符合规定要求,目测其外观无损坏,手动触头动作灵活,并用万用表进行质量检验,如不符合要求,则予以更换。

2. 根据原理图绘制电器元件布置图

布置图是把电器元件安装在组装板上的实际位置,采用简化的外形符号(如正方形、矩形、网形)绘制的一种简图,主要用于电器元件的布置和安装。图中各电器元件的文字符号,必须与原理图、接线图一致。图 1-31 就是与原理图 1-30 相对应的电器元件布置图。

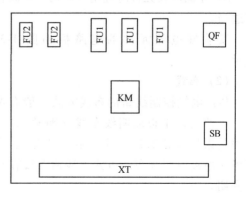

图 1-31　单向点动控制线路电器元件布置图

3. 绘制线路接线图

单向点动控制线路接线图如图1-32所示。

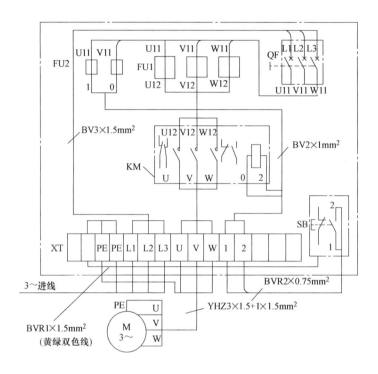

图1-32 单向点动控制电路接线图

4. 安装电路板

（1）安装电器元件

根据图1-31所示元件布置图，安装元件工艺要求：

1）电源开关、熔断器的受电端子在控制板外侧。

2）各电器元件的安装位置整齐、匀称、间距合理，便于电器元件的更换。

3）紧固电器元件时应用力均匀，紧固程度适当。

安装好电器元件的电路板如图1-33所示。

（2）布线

机床电气控制线路的布线方式一般有两种：一种是采用板前明线布线（明敷），另一种是采用线槽布线（明、暗敷结合）。本任务采用板前明线布线方式，线槽布线在后面介绍。

板前明线布线时的布线工艺要求如下：

图1-33 安装好电器元件后的电路板

1）布线通道尽可能少，同路并行导线按主电路、控制电路分类集中、单层密布、紧贴安装面板。

2）同一平面的导线应高低一致，不得交叉。

3）布线应横平竖直，分布均匀，变换方向时应垂直。

4）导线的两端应套上号码管。

5）所有导线中间不得有接头。

6）导线与接线端子连接时不得压绝缘层，不得反圈及裸露金属部分过长。

7）一个接线端子上的导线不得多于 2 根，端子排端子接线只允许 1 根。

8）软导线与接线端子连接时必须压接冷压端子。冷压端子如图 1-34 所示。

9）布线时应以接触器为中心，由里向外、由低到高，先电源电路，再控制电路，后主电路进行，以不妨碍后续布线为原则。

根据图 1-30 和图 1-32 布线，电源电路布线后如图 1-35 所示。

图 1-34　冷压端子

图 1-35　电源电路布线后

控制电路布线后如图 1-36 所示。

图 1-36　控制电路布线后

主电路布线后如图 1-37 所示。图 1-37 同时也是完成布线后的控制板。

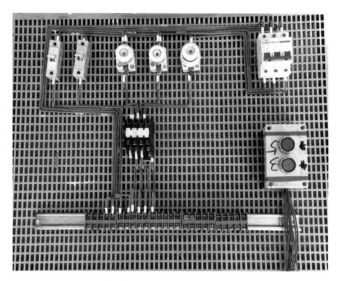

图 1-37　主电路布线后

（3）安装电动机

1）电动机固定必须牢固。

2）控制板必须安装在操作时能看到电动机的地方，以保证操作安全。

3）连接电源到端子排的导线和主电路到电动机的导线。

4）机壳与保护接地的连接可靠。

（4）通电前检测

工艺要求：

1）按接线图或原理图从电源端开始，逐段核对接线及接线端子处线号是否正确，有无漏接、错接之处。检查导线接点是否符合要求，压接是否牢固。同时注意接点接触应良好，以避免带负载运行时产生闪弧现象。

2）用万用表检查电路的通断情况。检查时，应选用倍率适当的电阻档，并进行校零，以防发生短路故障。对控制电路的检查（断开主电路），可将表笔搭在端线 U11、V11 上，读数应为 ∞ 。按下 SB 时，读数应为接触器线圈的直流电阻值。然后断开控制电路，再检查主电路有无开路和短路现象，此时，可用手动来代替接触器进行检查。

3）用绝缘电阻表检查电路绝缘电阻的阻值，应不得小于 1MΩ。

5. 通电试车

>> **特别提示**　　通电试车前要检查安全措施，试车时要遵守安全操作规程，出现故障时要停电检查。

工艺要求：

1）为保证人身安全，在通电试车时，要认真执行安全操作规程的有关规定，一人监护、一人操作。试车前，应检查与通电试车有关的电气设备是否有不安全的因素存在，若检查出应立即整改，然后方能试车。

2）通电试车前，必须征得指导教师同意，并由指导教师接通三相电源，同时在现场监护。学生合上电源开关后，用测电笔检查熔断器出线端，氖管亮说明电源接通。按下 SB，观察接触器情况是否正常，是否符合电路功能要求，元器件的动作是否灵活，有无卡阻及噪声过大等现象，电动机运行情况是否正常等。但不得对电路接线是否正确进行带电检查。观察过程中，若发现有异常现象，应立即停车。当电动机运转平稳后，用钳形电流表测量三相电流是否平衡。

3）试车成功率以通电后第一次按下按钮时计算。

4）出现故障后，学生应独立进行检修。若需带电检查时，教师必须在现场监护。检修完毕后，如需要再次试车，教师也应该在现场监护，并做好时间记录。

5）试车完毕，应遵循停转、切断电源、拆除三相电源、拆除电动机的顺序。

6. 整理现场

整理现场工具及电器元件，清理现场，根据工作过程填写任务书，整理工作资料。

三、注意事项

1）所用元器件在安装到电路板上之前一定要检查质量，避免正确安装电路后，却发现电路没有正常的功能，再拆装，给实训过程造成不必要的麻烦或造成元器件的损伤。

2）电源进线应接在螺旋式熔断器的下接线座上，出线则应接在上接线座上。

3）按钮内接线时，用力不要过猛，以防螺钉打滑。

4）安装完毕的控制电路必须经过认真检查后才允许通电试车，以防止错接、漏接，避免造成不能正常运转或短路事故。

5）试车时要先接负载端，后接电源端。

6）要做到安全操作和文明生产。

【任务评价】

学生完成本任务的考核评价细则见评分记录表（见表 1-6）。

表 1-6　技能训练考核评分记录表

情境内容	配分	评分标准	扣分
识读电路图	15	1. 不能正确识读电器元件，每处扣 1 分 2. 不能正确分析该电路工作原理，扣 5 分	
装前检查	5	电器元件漏检或错检，每处扣 1 分	
安装电器元件	15	1. 不按布置图安装，扣 15 分	
		2. 电器元件安装不牢固，每只扣 4 分	
		3. 电器元件安装不整齐、不均匀、不合理，每只扣 3 分	
		4. 损坏电器元件，扣 15 分	
布线	30	1. 不按原理图接线，扣 25 分	
		2. 布线不符合要求： 主电路，每根扣 4 分 控制电路，每根扣 2 分	
		3. 接点不符合要求，每个接点扣 1 分	
		4. 损伤导线绝缘或线芯，每根扣 5 分	
		5. 漏装或套错编码套管，每个扣 1 分	

（续）

情境内容	配分	评分标准	扣分
通电试车	30	1）第一次试车不成功，扣10分	
		2）第二次试车不成功，扣20分	
		3）第三次试车不成功，扣30分	
资料整理	5	任务单填写不完整，扣2~5分	
安全文明生产		违反安全文明生产规程，扣2~40分	
定额时间2h		每超时5min以内以扣3分计算，但总扣分不超过10分	
备注		除定额时间外，各情境的最高扣分不应超过配分数	
开始时间		结束时间		得分	

【任务拓展】

一、什么是电气图

用电气图形符号绘制的图称为电气图，它是电工技术领域中主要的信息提供方式。电气图的种类很多，包括电气原理图、位置图、接线图、框图等。

1. 电气图用符号

（1）文字符号

电气图中的文字符号应符合国家标准规定，适用于电气技术领域中技术文件的编制，也可表示在电气设备、装置和元器件上或其近旁，以标明电气设备、装置和元器件的名称、功能、状态和特征。文字符号分为基本文字符号和辅助文字符号。

1）电气设备基本文字符号。基本文字符号有单字母符号与双字母符号两种。将各种电气设备、装置和元器件划分为若干大类，每一大类用一个字母表示，即为单字母符号，如C表示电容器类、R表示电阻器类等。双字母符号是由表示种类的单字母符号后接另一字母组成。只有当用单字母符号不能满足要求、需要将大类进一步划分时，才采用双字母符号，如F表示保护器件类，而FU表示熔断器，FR表示具有延时动作的限流保护器件，FV表示限压保护器件等。

2）电气设备辅助文字符号。辅助文字符号是用以表示电气设备、装置和元器件以及电路的功能、状态和特征，如L表示限制、SYN表示同步、RD表示红色等。

3）补充文字符号。当规定的基本文字符号和辅助文字符号不满足使用时，可按国家标准中规定的文字符号组成规律和原则予以补充。

（2）接线端子标志

接线端子标志是指连接元器件和外部导电件的标志，主要用于基本件（如电阻器、熔断器、继电器、变压器、旋转电机等）和这些元器件组成的设备（如电动机控制设备）的接线端子标志，也适用于执行一定功能的导线线端（如电源接地、机壳接地等）的识别。根据国家标准规定，常用标志介绍如下：

交流系统三相电源导线和中性线用L1、L2、L3、N标志，直流系统电源正、负极导线和中间线用L+、L－、M标志，保护接地线用PE标志，接地线用E标志。

带6个接线端子的三相电器，首端分别用U1、V1、W1标志，尾端用U2、V2、W2标志，中间抽头用 U3、V3、W3 标志。

对于同类型的三相电器，其首端或尾端在字母 U、V、W 前冠以数字来区别，即 1U1、1V1、1W1 与 2U1、2V1、2W1 来标志两个同类三相电器的首端，而 1U2、1V2、1W2 与 2U2、2V2、2W2 为其尾端标志。

控制电路接线端采用阿拉伯数字编号，一般由三位或三位以下的数字组成。标注方法按"等电位"原则进行，在垂直绘制的电路中，标号顺序一般为由上而下，凡是被线圈、绕组、触头或电阻、电容等元器件所间隔的线段，都应标以不同的电路标号。

（3）图形符号

图形符号分电气图用图形符号和电气设备用图形符号两种。电气图用图形符号适用于绘制各种电气图，表示一个设备或概念的图形、标志或字符。电气设备用图形符号直接用在各种电气设备或设备部件上，帮助操作人员了解该设备的特性、用途和操作方法，有时用在安装或移动设备的场合，以指出如禁止、警告、规定或限制等注意事项。

这两套图形符号的使用场合和构图原则完全不同，不能混淆，但在某些特殊情况下并不妨碍它们的相互借用。

2. 电气原理图

图 1-30 就是单向点动控制线路的电气原理图。

电气控制线路按功能可分为主电路和辅助电路。主电路是电源向负载直接输送电能的电路，又称一次电路。辅助电路为监视、测量、控制以及保护主电路的电路，其中给出监视信号的电路称为信号电路或信号回路；测量各种电气参数的电路称为测量电路或称测量回路；控制用电设备的电路称为控制电路或控制回路。

电气原理图是用符号来表示电路中各个电器元件之间的连接关系和工作原理的电路图。在电气原理图中，并不考虑电器元件的外形、实际安装位置和实际连线情况，只是把各元件按接线顺序、按功能布局用符号绘制在平面上，用直线将各电器元件连接起来。

电气原理图是电气技术中使用最广泛的电气图，它用于详细解读电气电路、设备或成套装置及其组成部分的作用原理，作为编制接线图的依据，为测试和寻找故障提供信息。绘制电气原理图时应按照国家标准规定的原则进行。

3. 位置图

图 1-31 是单向点动控制线路的位置图。

位置图是表示成套装置、设备或装置中各个项目位置的一种图。如机床上各电气设备的位置，机床电气控制柜上各电器元件的位置，都由相应的位置图来表示。

4. 接线图

图 1-32 是单向点动控制线路的接线图。

接线图表示成套装置、设备或装置的连接关系，用于安装接线、电路检查、电路维修和故障处理等，在实际应用中接线图通常需要与电气原理图和位置图一起使用。接线图分为单元接线图、互连接线图、端子接线图、电缆配置图等。

单元接线图表示单元内部的连接情况，通常不包括单元之间的外部连接，但可给出与之有关的互连接线图图号。

互连接线图表示单元之间的连接情况，通常不包括单元内部的连接，但可给出与之有关的电路图或单元接线图的图号。

端子接线图表示单元和设备的端子及其与外部导线的连接关系，通常不包括单元或设备的内部连接，但可提供与之有关的图号。

电缆配置图表示单元之间外部电缆的敷设，也可表示线缆的路径情况。

二、手动正转控制线路

正转控制线路只能控制电动机单向起动和停止，并带动生产机械的运动部件朝一个方向旋转或运动。手动正转控制线路是通过低压开关来控制电动机单向起动和停止的，在工厂中常被用来控制三相电风扇和砂轮机等设备。图1-38为砂轮机控制线路。可以很容易地看出砂轮机控制线路是由三相电源L1、L2、L3，熔断器FU，低压断路器QF和三相交流异步电动机M构成的。低压断路器集控制、保护于一身，电流从三相电源经熔断器、低压断路器流入电动机，电动机则带动砂轮机运转。

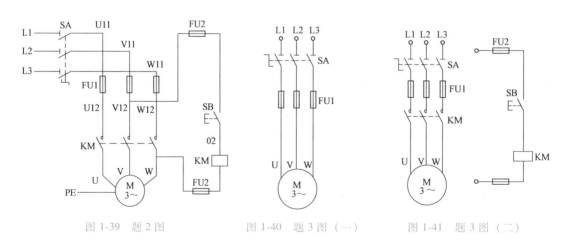

图1-38 用低压断路器控制的
手动正转控制线路

请完成上述电路的安装与调试。

【思考与练习】

1. 交流接触器有什么用途？其型号 CJ20-60 的含义是什么？
2. 图1-39所示电路能否正常起动？为什么？
3. 组合开关在图1-40和图1-41中所起的作用有什么不同？

图1-39 题2图   图1-40 题3图（一）   图1-41 题3图（二）

任务2

【任务描述】

三相异步电动机单向连续运行控制线路的功能就是按下起动按钮，电动机得电运行，松开按钮电动机继续运行,按下停止按钮,电动机失电停止运行。该线路能控制电动机朝一个方向做连续运行,通常用于只需要单方向运行的小功率电动机的控制,如小型通风机、水泵及带式运输机等机械设备。

现在要为台式钻床安装单向连续运转控制线路,要求采用接触器-继电器控制,单向连续运转,设置短路、欠电压和失电压保护,电气原理图如图 1-42 所示。电动机的额定电压为 380V,额定功率为 180W,额定电流为 0.65A,额定转速为 1440r/min。完成台式钻床单向连续运转控制线路的安装、调试,并进行简单故障排查。

【能力目标】

1)会正确识别、选用、安装、使用热继电器,熟悉它的功能、基本结构、工作原理及型号意义,熟记它的图形符号和文字符号。

2)能检测常用热继电器。

3)会正确识读三相异步电动机单向连续运转控制线路原理图,能分析其工作原理。

4)会安装、调试三相异步电动机单向连续运转控制线路。

5)能根据故障现象对三相异步电动机单向连续运转控制线路的简单故障进行排查。

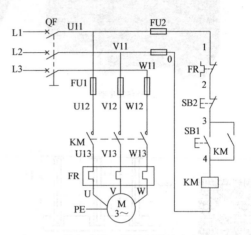

图 1-42 单向连续运转控制线路电气原理图

【相关知识】

一、热继电器

电动机在实际运行中,常会遇到过载情况,但只要过载不严重、时间短,绕组不超过允许的温升,这种过载是允许的。但如果过载情况严重、时间长,则会加速电动机绝缘的老化,缩短电动机的使用年限,甚至烧毁电动机,因此必须对电动机进行过载保护。

热继电器是一种利用流过继电器的电流所产生的热效应而反时限动作的保护电器,它主要用作电动机的过载保护、断相保护、电流不平衡运行及其他电气设备发热状态的控制。

热继电器有两相结构、三相结构、三相带断相保护装置等三种类型。其外形如图 1-43 所示。

1. 热继电器的结构和工作原理

热继电器主要由双金属片、热元件、动作机构、触头系统、整定调整装置等部分组成。图 1-44 为实现普通三相过载保护的热继电器的结构和符号。

热继电器中的双金属片 2 由两种膨胀系数不同的金属片压焊而成,缠绕着双金属片的是热元件 1,它是一段电阻不大的电阻丝,串接在主电路中。热继电器的常闭触头 4 通常串接在接触器线圈电路中。当电动机过载时,热元件中通过的电流加大,使双金属片逐渐发生弯曲,经过一定时间后,推动动作机构 3,使常闭触点断开(见图 1-45),切断接触器线圈电路,使电动机主电路失电。故障排除后,按下复位按钮,使热继电器触点复位。

热继电器的工作电流可以在一定范围内调整,称为整定。整定电流值应是被保护电动机

JR36热继电器　　　　　　JR20热继电器　　　　　　JR1热继电器

图 1-43　热继电器的外形

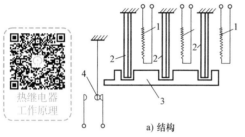

a) 结构　　　　　　　　　　　　　　　b) 符号

图 1-44　热继电器的结构和符号

1—热元件　2—双金属片　3—导板　4—触头复位

的额定电流值，其大小可以通过旋动整定电流旋钮来实现。由于热惯性，热继电器不会瞬间动作，因此它不能用于短路保护。但也正是由于热惯性的存在，使电动机起动或短时过载时，热继电器不会误动作。

2. 热继电器的型号

我国目前生产的热继电器主要有JR0、JR1、JR2、JR15、JR16、JR20等系列，JR1、JR2系列热继电器采用间接受热方式，其主要缺点是双金属片靠发热元件间接加热，热耦合较差；双金属片的弯曲程度受环境温度影响较大，不能正确反映负载的过电流情况。

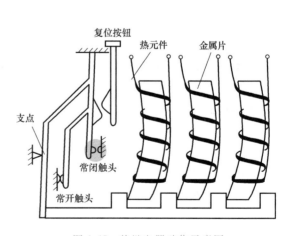

图 1-45　热继电器动作示意图

JR15、JR16等系列热继电器采用复合加热方式并采用了温度补偿元件，因此能较正确地反映负载的工作情况。

JR1、JR2、JR0和JR15系列的热继电器均为两相结构，是双热元件的热继电器，可以用于三相异步电动机的均衡过载保护和星形联结定子绕组的三相异步电动机的断相保护，但不能用于定子绕组为三角形联结的三相异步电动机的断相保护。

JR16 和 JR20 系列热继电器均是带有断相保护的热继电器，具有差动式断相保护机构。

热继电器型号含义如图 1-46 所示。JR36 系列热继电器的主要技术数据见表 1-7。

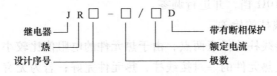

图 1-46 热继电器型号

表 1-7 JR36 系列热继电器的主要技术数据

热继电器型号	热继电器额定电流/A	热元件		热继电器型号	热继电器额定电流/A	热元件	
		热元件额定电流/A	电流调节范围/A			热元件额定电流/A	电流调节范围/A
JR36-20	20	2.4	1.5~2.4	JR36-32	32	32	20~32
		3.5	2.2~3.5	JR36-63	63	22	14~32
		5	3.2~5			32	20~32
		7.2	4.5~7.2			45	28~45
		11	6.8~11			63	40~63
		16	10~16	JR36-160	160	63	40~63
		22	14~22			85	53~85
JR36-32	32	16	10~16			120	75~120
		22	14~22			160	100~160

3. 热继电器的选用

（1）类型的选择

热继电器主要根据电动机定子绕组的联结方式来确定型号。在三相异步电动机电路中，对星形联结的电动机可选两相或三相结构的热继电器，一般采用两相结构的热继电器，即在两相主电路中串接热元件；当电源电压的均衡性和工作环境较差或多台电动机的功率差别较显著时，可选择三相结构的热继电器。对于三相感应电动机，定子绕组为三角形联结的电动机必须采用带断相保护的热继电器。

（2）额定电流选择

热继电器的额定电流应大于电动机的额定电流。

（3）热元件的整定电流选择

一般将整定电流调整到等于电动机的额定电流；对过载能力差的电动机，可将热元件整定值调整到电动机额定电流的 0.6~0.8 倍；对起动时间较长，拖动冲击性负载或不允许停车的电动机，热元件的整定电流应调节到电动机额定电流的 1.1~1.15 倍。

4. 热继电器的使用

1）当电动机起动时间过长或操作次数过于频繁时，会使热继电器误动作或烧坏电器，故这种情况一般不用热继电器进行过载保护。

2）当热继电器与其他电器安装在一起时，应将它安装在其他电器的下方，以免其动作特性受到其他电器发热的影响。

　　3）热继电器出线端的连接导线应选择合适。若导线过细，则热继电器可能提前动作；若导线太粗，则热继电器可能滞后动作。

　　5. 热继电器的检测

　　将万用表置于 $R×10Ω$ 档，并进行调零。

　　（1）热元件主接线柱的检测

　　通过表笔接触主接线柱的任意两点，由于热元件的电阻值比较小，几乎为零，测得的电阻若为零，说明两点是热元件的一对接线柱，热元件完好；若为无穷大，说明这两点不是热元件的一对接线柱或热元件损坏。检测示意图如图1-47所示。

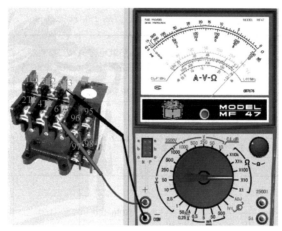

图1-47　热元件主接线柱检测示意图

　　（2）常闭、常开的检测

　　将万用表表笔搭在一对触头上，若指针打到零，说明是一对常闭触头；如果指针不动，则可能是一对常开触头。若要确定，须拨动机械按键，模拟继电器动作。

　　拨动机械按键，指针从无穷大指向零，则为一对常开触头；若指针从零指向无穷大，则为一对常闭触头；如果不动，则不是一对触头，或者触头损坏，如图1-48所示。

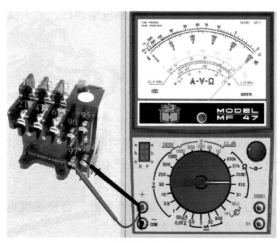

图1-48　常闭触头测量示意图

想一想　电动机长期过载会"减寿",为人处世也不能"过载",凡事要张弛有度,有分寸。是这样吧?

二、三相笼型异步电动机单向连续运行控制线路

各种机械设备上,电动机最常见的一种工作状态是单向连续运行。图 1-49 为电动机单向连续运行控制线路电气原理图。图中 L1、L2、L3 为三相交流电源,QF 为电源开关,FU1、FU2 分别为主电路与控制电路的熔断器,KM 为接触器,SB2 为停止按钮,SB1 为起动按钮,FR 为热继电器,M 为三相异步电动机。

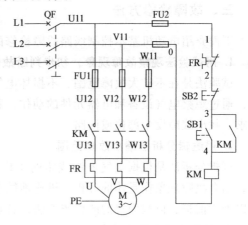

图 1-49　单向连续运行控制线路电气原理图

以下是单向连续运行控制的操作及动作过程。

首先合上电源开关 QF,接通主电路和控制电路的电源。

1)起动:

按下按钮SB1—→SB1常开触头接通—→接触器KM线圈通电——
　　　—→接触器KM常开辅助触头接通(实现自保持)。
　　　—→接触器KM常开主触头接通—→电动机M通电起动并进入工作状态。

单向连续运行控制线路工作原理

当接触器 KM 常开辅助触头接通后,即使松开按钮 SB1 仍能保持接触器 KM 线圈通电,所以此常开辅助触头称为自保持触头。

2)停止:

按下按钮SB2—→SB2常闭触头断开—→接触器KM线圈断电——→KM常开辅助触头断开(解除自保持)
　　　　　　　　　　　　　　　　　　　　　　　　—→KM常开主触头断开—→电动机M断电并停止工作。

控制电路的保护环节:

1)短路保护。由熔断器 FU1、FU2 分别实现主电路与控制电路的短路保护。

2)过载保护。当电动机出现长期过载时,串接在电动机定子电路中热继电器 FR 的发热元件使双金属片受热弯曲,经联动机构使串接在控制电路中的常闭触头断开,切断接触器 KM 线圈电路,KM 触头复位,其中主触头断开电动机的电源、常开辅助触头断开自保持电路,使电动机长期过载时自动断开电源,从而实现过载保护。

3)欠电压和失电压保护。自保持电路具有欠电压与失电压保护的作用。欠电压保护是指当电动机电源电压降低到一定值时,能自动切断电动机电源的保护;失电压(或零电压)保护是指运行中的电动机电源断电而停转,而一旦恢复供电时,电动机不致在无人监视的情况下自行起动的保护。

电动机运行中当电源下降时,控制线路电源电压相应下降,接触器线圈电压下降,将引起接触器磁路磁通下降,电磁吸力减小,衔铁在反作用弹簧的作用下释放,自保持触头断开(解除自保持),同时主触头也断开,切断电动机电源,避免电动机因电源电压降低引起电动机电流增大而烧毁电动机。

在电动机运行时，电源停电则电动机停转。当恢复供电时，由于接触器线圈已断电，其主触头与自保触头均已断开，主电路和控制电路都不构成通路，所以电动机不会自行起动。只有按下起动按钮SB1，电动机才会再起动。

三、故障检修方法

下面介绍电动机基本控制线路故障检修的一般步骤和方法。

1. 用试验法观察故障现象，初步判断故障范围

试验法是在不扩大故障范围，不损坏电气设备和机械设备的前提下，对电路进行通电试验，通过观察电气设备和电器元件的动作，看它是否正常，各控制环节的动作程序是否符合要求，找出故障发生部位或回路。

2. 用逻辑分析法缩小故障范围

逻辑分析法是根据电气控制线路的工作原理、控制环节的动作程序以及它们之间的联系，结合故障现象作具体的分析，迅速地缩小故障范围，从而判断故障所在。这种方法是一种以准为前提，以快为目的的检查方法，特别适用于对复杂电路的故障检查。

3. 用测量法确定故障点

测量法是利用电工工具和仪表（如测电笔、万用表、钳形电流表、绝缘电阻表等）对电路进行带电或断电测量，是查找故障点的有效方法。下面介绍电压分阶测量法和电阻分阶测量法。

（1）电压分阶测量法

测量检查时，首先将万用表的转换开关置于交流电压500V的档位上，然后按如图1-50所示方法进行测量。

断开主电路，接通控制电路的电源。若按下起动按钮SB1时，接触器KM不吸合，则说明控制电路有故障。

检测时，在松开按钮SB1的条件下，先用万用表测量0和1两点之间的电压，若电压为380V，则说明控制电路的电源电压正常。然后把黑表笔接到0点上，红表笔依次接到2、3各点上，分别测量0-2、0-3两点间的电压，若电压均为380V，再把黑表笔接到1点上，红表笔接到4点上，测量出1-4两点间的电压。根据测量结果即可找出故障点，见表1-8。表中符号"×"表示不需再测量。

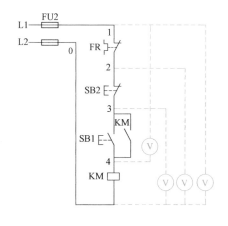

图 1-50　电压分阶测量法

表 1-8　利用电压分阶测量方法测量故障点

故障现象	0-2	0-3	1-4	故障点
按下 SB1 时， KM 不吸合	0	×	×	FR 常闭触头接触不良
	380V	0	×	SB2 常闭触头接触不良
	380V	380V	0	KM 线圈断路
	380V	380V	380V	SB1 接触不良

（2）电阻分阶测量法

测量检查时，首先将万用表的转换开关置于倍率适当的电阻档，然后按如图 1-51 所示方法进行测量。

断开主电路，接通控制电路电源。若按下起动按钮 SB1 时，接触器 KM 不吸合，则说明控制电路有故障。

检测时，首先切断电路的电源（这点与电压测量法不同），用万用表依次测量出 1-2、1-3、0-4 各两点间的电阻值。根据测量结果即可找出故障点，见表 1-9。

表 1-9　利用电阻分阶测量法查找故障点

故障现象	1-2	1-3	0-4	故障点
按下 SB1 时， KM 不吸合	∞	×	×	FR 常闭触头接触不良
	0	∞	×	SB2 常闭触头接触不良
	0	0	∞	KM 线圈断路
	0	0	R	SB1 接触不良

注：R 为接触器 KM 线圈的电阻值。

以上是用测量法查找确定控制电路的故障点，对于主电路的故障点，结合图 1-49 说明如下：

首先测量接触器电源端的 U12-V12、U12-W12、W12-V12 之间的电压。若均为 380V，说明 U12、V12、W12 三点至电源无故障，可进行第二步测量。否则可再测量 U11-V11、U11-W11、W11-V11 顺次至 L1-L2、L2-L3、L3-L1，直到发现故障。

其次断开主电路电源，用万用表的电阻档（一般选 R×10Ω 以上档位）测量接触器负载端 U13-V13、U13-W13、W13-V13 之间的电阻，若电阻均较小（电动机定子绕组的直流电阻），说明 U13、V13、W13 三点至电动机无故障，可判断为接触器

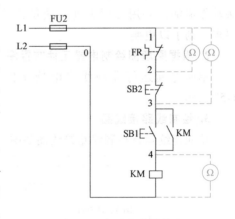

图 1-51　电阻分阶测量法

主触头有故障，否则可再测量 U-V、U-W、W-V 到电动机接线端子处，直到发现故障。

根据故障点的不同情况，用正确的维修方法进行维修或更换元器件，排除故障。然后校验，通电试车。

【任务实施】

一、使用材料、工具与仪表

1. 完成本任务所需工具与仪表为：螺钉旋具、尖嘴钳、斜嘴钳、剥线钳、万用表等。
2. 完成本任务所需材料明细表见表 1-10。

表 1-10　单向连续运行控制线路电器元件明细表

序号	代号	名称	型号	规格	数量
1	M	三相交流异步电动机	YS6324	380V,180W,0.65A,1440r/min	1
2	QF	断路器	DZ47-63	380V,25A,整定 20A	1
3	FU1	熔断器	RL1-60/25A	500V,60A,配 25A 熔体	3

（续）

序号	代号	名称	型号	规格	数量
4	FU2	熔断器	RT18-32	500V,配2A熔体	2
5	KM	交流接触器	CJX-22	线圈电压220V,20A	1
6	SB	按钮	LA-18	5A	2
7	FR	热继电器	JR16-20/3	三相,20A,整定电流1.55A	1
8	XT	端子板	TB1510	600V,15A	1
9		电路板安装套件			1

二、安装步骤及工艺要求

1. 检测电器元件

根据表1-11配齐所用电器元件，其各项技术指标均应符合规定要求，目测其外观无损坏，手动触头动作灵活，并用万用表进行质量检验，如不符合要求，则予以更换。

2. 根据原理图绘制电器元件布置图

单向连续运行控制线路电器元件布置图如图1-52所示。

3. 绘制线路接线图

单向连续运行控制线路接线图如图1-53所示。

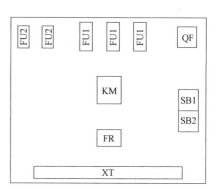

图 1-52 单向连续运行控制
线路电器元件布置图

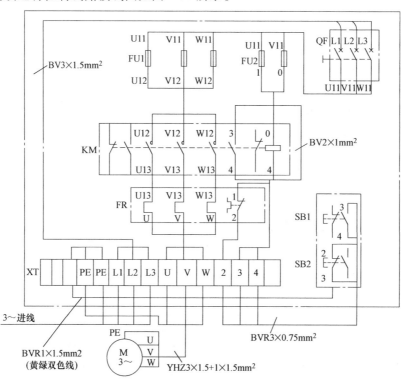

图 1-53 单向连续运行控制线路接线图

4. 安装电路板

（1）安装电器元件

在电路板上按图 1-52 安装电器元件，其排列位置、相互距离应符合要求，紧固力适当，无松动现象。工艺要求参照任务 1，实物布置图如图 1-54 所示。

（2）布线

在控制板上按照图 1-49 和图 1-53 进行板前明线布线，并在导线两端套编码套管和冷压接线头。板前明线配线的工艺要求请参照任务 1。

（3）安装电动机

具体操作可参考任务 1。

（4）通电前检测

1）对照原理图、接线图检查，连接无遗漏。

图 1-54　单向连续运转控制线路实物布置图

2）万用表检测：确保电源切断情况下，分别测量主电路、控制电路，通断是否正常。

① 未压下 KM 时测 L1-U、L2-V、L3-W；压下 KM 后再次测量 L1-U、L2-V、L3-W。

② 未压下起动按钮 SB1 时，测量控制电路电源两端（U11-V11）。

③ 压下起动按钮 SB1 后，测量控制电路电源两端（U11-V11）。

5. 通电试车

>> **特别提示**　　通电试车前要检查安全措施，试车时要遵守安全操作规程，出现故障时要停电检查。

为保证人身安全，在通电试车时，要认真执行安全操作规程的有关规定，一人监护、一人操作。试车前，应检查与通电试车有关的电气设备是否有不安全的因素存在，若检查出应立即整改，然后方能试车。

热继电器的整定值，应在不通电时预先整定好，并在试车时校正，检查熔体规格是否符合要求。在指导教师监护下进行，根据原理图的控制要求独立测试。观察电动机有无振动及异常噪声，若出现故障及时断电查找排除。

6. 故障排查

（1）故障现象

接通电源，合上断路器，按下起动按钮，电动机无反应。

（2）故障检修

1）用通电实验法观察故障现象。按下起动按钮，接触器线圈不吸合，表明控制线路有故障。

2）用逻辑分析法缩小故障范围，并在电路图中标出故障部位的最小范围。

3）用测量法正确、迅速地找出故障点。可以采用电阻分阶测量法或电压分阶测量法。本处建议采用电阻分阶测量法，注意断开电源电路。检查断路器触头闭合是否良好，接触器 KM 线圈电路的接线是否紧固。

4）排除故障后通电试车。通电试车后，断开电源，先拆除三相电源线，再拆除电动机负载线。

7. 整理现场

整理现场工具及电器元件，清理现场，根据工作过程填写任务书，整理工作资料。

三、注意事项

1）电动机及按钮的金属外壳必须可靠接地。按钮内接线时，用力不可过猛，以防螺钉打滑。接至电动机的导线，必须穿在导线通道内加以保护，或采用坚韧的四芯橡胶线或塑料护套线进行临时通电校验。

2）接触器 KM 的自锁触头应并接在起动按钮 SB1 两端，停止按钮 SB2 应串接在控制电路中；热继电器 FR 的热元件应串接在主电路中，它的常闭触头应串接在控制线路中。

3）热继电器的整定电流应按电动机的额定电流自行调整，绝对不允许弯折双金属片。

4）热继电器因电动机过载动作后，若需再次起动电动机，必须待热元件冷却并且热继电器复位后才可进行。

5）编码套管套装要正确。

6）安装完毕的电路板，必须经过认真检查后，才允许通电试车，以防止错接、漏接，造成不能正常运转或短路事故。

7）起动电动机时，在按下起动按钮 SB1 的同时，手还必须按在停止按钮 SB2 上，以保证万一出现故障时，可立即按下 SB2 停车，防止事故扩大。

8）要做到安全操作和文明生产。

【任务评价】

学生完成本任务的考核评价细则见评分记录表（表 1-11）。

表 1-11 技能训练考核评分记录表

情境内容	配分	评 分 标 准	扣分
识读电路图	15	1. 不能正确识读电器元件,每处扣 1 分 2. 不能正确分析该电路工作原理,扣 5 分	
装前检查	5	电器元件漏检或错检,每处扣 1 分	
安装电器元件	15	1. 不按布置图安装,扣 15 分	
		2. 电器元件安装不牢固,每只扣 4 分	
		3. 电器元件安装不整齐、不均匀、不合理,每只扣 3 分	
		4. 损坏电器元件,扣 15 分	
布线	30	1. 不按原理图接线,扣 25 分	

		2. 布线不符合要求:
		  主电路,每根扣 4 分
		  控制电路,每根扣 2 分	

		3. 接点不符合要求,每个接点扣 1 分	
		4. 损伤导线绝缘或线芯,每根扣 5 分	
		5. 漏装或套错编码套管,每个扣 1 分	

（续）

情境内容	配分	评分标准		扣分
通电试车	30	1. 第一次试车不成功,扣10分		
		2. 第二次试车不成功,扣20分		
		3. 第三次试车不成功,扣30分		
资料整理	5	任务单填写不完整,扣2~5分		
安全文明生产		违反安全文明生产规程,扣2~40分		
定额时间 2h		每超时 5min 以内以扣3分计算,但总扣分不超过10分		
备注		除定额时间外,各情境的最高扣分不应超过配分数		
开始时间		结束时间	得分	

【任务拓展】

点动与连续混合正转控制线路

机床设备在正常工作时,一般需要电动机处在连续运行状态。但在试车或调整刀具与工件的相对位置时,又需要电动机能点动控制,实现这种工艺要求的电路是点动与连续混合控制线路,如图 1-55 所示。电路是在起动按钮 SB1 的两端并联一个复合按钮 SB3 来实现连续与点动混合正转控制的,SB3 的常闭触头应与 KM 自锁触头串联。电路的工作原理如下:

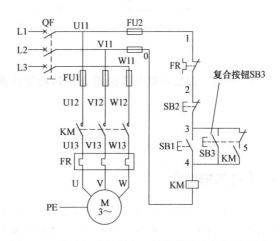

图 1-55　点动与连续混合正转控制线路电气原理图

1. 连续控制

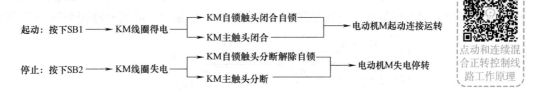

2. 点动控制

请完成上述电路的安装与调试。

【思考与练习】

1. 热继电器和熔断器在电路中的功能有何不同？

2. 电动机点动控制与连续运转控制电路的关键环节是什么？

3. 什么是失电压、欠电压保护？利用哪些电器元件可以实现失电压、欠电压保护？

4. 图 1-56 所示电路能否正常起动？试分析指出其中的错误及出现的现象。

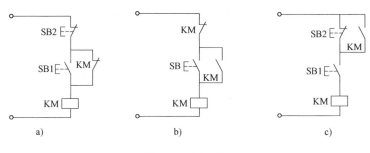

图 1-56　题 4 图

5. 安装、调试点动与连续混合正转控制线路。

任务 3

【任务描述】

　　单向转动的控制线路比较简单，但是只能使电动机朝一个方向旋转，同时带动生产机械的运动部件也朝一个方向运动。但很多生产机械往往要求运动部件能向正、反两个方向运动，如机床工作台的前进和后退，万能铣床主轴的正、反转，起重机的上升和下降等。这就要求电动机能实现正、反转控制。

　　现在要为某车间的万能铣床安装主轴电气控制线路，要求采用接触器-继电器控制，实现正、反两个方向连续运行，设置短路、欠电压和失电压保护，电气原理图如图 1-57 所示。

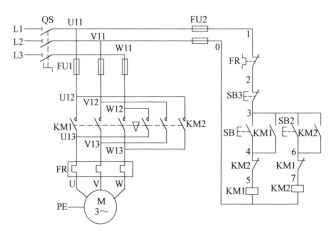

图 1-57　电气互锁正、反转控制线路电气原理图

电动机的额定电压为 380V，额定功率为 180W，额定电流为 0.65A，额定转速为 1440r/min。完成万能铣床主轴正、反两个方向连续运行控制线路的安装、调试，并进行简单故障排查。

【能力目标】

1. 会正确识别、安装、使用倒顺开关，熟悉它的功能、基本结构、工作原理及型号意义，熟记它的图形符号和文字符号。

2. 会正确识读接触器联锁电动机正、反转控制线路电气原理图，会分析其工作原理。

3. 会安装、调试接触器联锁的正、反转控制线路。

4. 能根据故障现象对接触器联锁的正、反转控制线路的简单故障进行排查。

5. 了解倒顺开关控制的正、反转控制线路。

【相关知识】

一、电动机正、反转的实现

由电机原理可知，当改变电动机定子绕组的三相电源相序，即把接入电动机三相电源进线中的任意两相对调接线时，电动机就可以反转。

二、倒顺开关

倒顺开关是用来直接通断单台小功率笼型异步电动机，并使其正转、反转和停止的低压手动电器。万能铣床主轴电动机的正、反转控制就是采用倒顺开关来实现的。倒顺开关的外形如图 1-58 所示。

K05-M系列防水倒顺开关

K03系列倒顺开关

QS1、QS5防水倒顺开关、凸轮开关

HY23系列倒顺开关

图 1-58　倒顺开关的外形

HY2 系列倒顺开关的内部结构和接线示意图如图 1-59 所示。开关由手柄、凸轮、触头组成，凸轮、触头装在防护外壳内，触头共有 5 对，其中两对控制正转，两对控制反转，一对正、反转共用。转动手柄，凸轮转动，可使触头进行接通和断开。接线时，只需将三个接线柱 L1、L2、L3 接电源，T1、T2、T3 接向电动机即可。

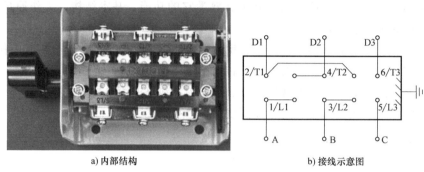

a) 内部结构   b) 接线示意图

图 1-59 倒顺开关的内部结构和接线示意图

倒顺开关的手柄有三个位置：当手柄处于"停"位置时，触头接通状况如图 1-59b 所示，电动机不转；当手柄处于"顺"位置时，触头接通状况如图 1-60a 所示，电动机接通电源，正向运行；当电动机需向反方向运行时，可把倒顺开关手柄拨到"倒"位置上，触头接通状况如图 1-60b 所示，电动机换相反转。在使用过程中电动机处于正转状态时欲使它反转，必须先把手柄拨至停转位置，使它停转，然后再把手柄拨至反转位置，使它反转。

倒顺开关一般适用于 4.5kW 以下的电动机控制线路，若要控制大功率电动机的正、反转，则可以用倒顺开关来选择电动机转动方向，用接触器控制电动机的通断。倒顺开关的符号如图 1-61 所示。

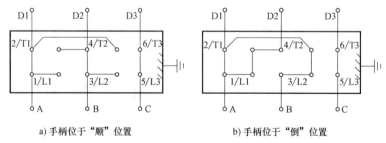

a) 手柄位于"顺"位置   b) 手柄位于"倒"位置

图 1-60 倒顺开关触头状态示意图

三、倒顺开关正、反转控制线路

倒顺开关正、反转控制线路如图 1-62 所示。电路工作原理如下：操作倒顺开关 QS，当手柄处于"停"位置时，QS 的动、静触头不接触，电路不通，电动机不转；当手柄扳至"顺"位置时，QS 的动触头与左边的静触头相接触，电路按 L1-U、L2-V、L3-W 接通，输入电动机定子绕组的电源电压相序为 L1-L2-L3，电动机正转；当手柄处于"倒"位置时，QS 的动触头与右边的静触头相接触，电路按 L1-W、L2-V、L3-U 接通，输入电动机定子绕组的电源电压相序为 L3-L2-L1，电动机反转。

倒顺开关正、反转控制线路虽然使用电器较少，电路比较简单，但它是一种手动控制线路，在频繁换向时，操作人员劳动强度大，操作安全性差，所以这种电路一般用于控制额定电流 10A、功率在 3kW 及以下的小功率电动机。在实际生产中，更常用的是用按钮、接触器来控制电动机的正、反转。

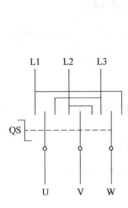

图 1-61　倒顺开关的符号

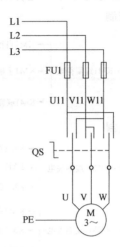

图 1-62　倒顺开关正反转控制线路图

四、接触器联锁正、反转控制线路

接触器联锁的正反转控制线路如图 1-63 所示。电路中采用了两个接触器，即正转接触器 KM1 和反转接触器 KM2，它们分别由正转按钮 SB1 和反转按钮 SB2 控制。从主电路图中可以看出，这两个接触器的主触头所接通的电源相序不同，KM1 按 L1-L2-L3 相序接线，KM2 则按 L3-L2-L1 相序接线。相应地控制电路有两条，一条是由按钮 SB1 和 KM1 线圈等组成的正转控制电路；另一条是由按钮 SB2 和 KM2 线圈等组成的反转控制电路。

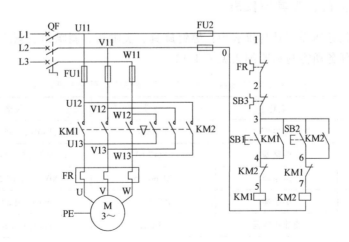

图 1-63　接触器联锁的正、反转控制线路电气原理图

接触器联锁的正、反转控制线路工作原理

必须指出，接触器 KM1 和 KM2 的主触头绝不允许同时闭合，否则将造成两相电源（L1 相和 L3 相）短路事故。为了避免两个接触器 KM1 和 KM3 同时得电动作，就在正、反转控制电路中分别串接了对方接触器的一对常闭辅助触头，这样，当一个接触器得电动作时，可

通过其常闭辅助触头使另一个接触器不能得电动作，接触器间这种相互制约的作用称为接触器联锁（或互锁）。实现联锁作用的常闭辅助触头称为联锁触头（或互锁触头）。

电路的工作原理如下：先合上电源开关 QS。

1. 正转控制

2. 反转控制

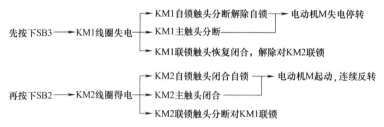

停止时，按下停止按钮SB3——→控制电路失电——→KM1(或KM2)主触头分断——→电动机M失电停转

从以上分析可见，接触器联锁正、反转控制线路的优点是工作安全可靠，缺点是操作不便，因电动机从正转变为反转时，必须先按下停止按钮后，才能按反转起动按钮，否则由于接触器的联锁作用，不能实现反转。为克服此电路的不足，可采用按钮联锁或按钮和接触器双重联锁的正、反转控制线路。

【任务实施】

一、使用材料、工具与仪表

1）完成本任务所需工具与仪表为：螺钉旋具、尖嘴钳、斜嘴钳、剥线钳、万用表等。

2）完成本任务所需材料明细表见表 1-12。

表 1-12 接触器联锁正、反转控制线路电器元件明细表

序号	代号	名称	型号	规格	数量
1	M	三相交流异步电动机	YS6324	380V,180W,0.65A,1440r/min	1
2	QF	断路器	DZ47-63	380V,25A,整定 20A	1
3	FU1	熔断器	RL1-60/25A	500V,60A,配 25A 熔体	3
4	FU2	熔断器	RT18-32	500V,配 2A 熔体	2
5	KM	交流接触器	CJX-22	线圈电压 220V,20A	2
6	SB	按钮	LA-18	5A	3
7	FR	热继电器	JR16-20/3	三相,20A,整定电流 1.55A	1
8	XT	端子板	TB1510	600V,15A	1
9		电路板安装套件			1

二、安装步骤及工艺要求

1. 检测电器元件

根据表 1-13 配齐所用电器元件，其各项技术指标均应符合规定要求，目测其外观无损坏，手动触头动作灵活，并用万用表进行质量检验，如不符合要求，则予以更换。

2. 根据电气原理图绘制电器元件布置图，如图 1-64 所示

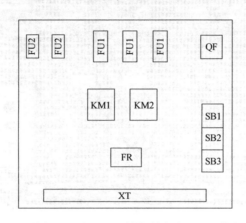

图 1-64　接触器联锁正、反转控制线路电器元件布置图

3. 绘制接线图，如图 1-65 所示

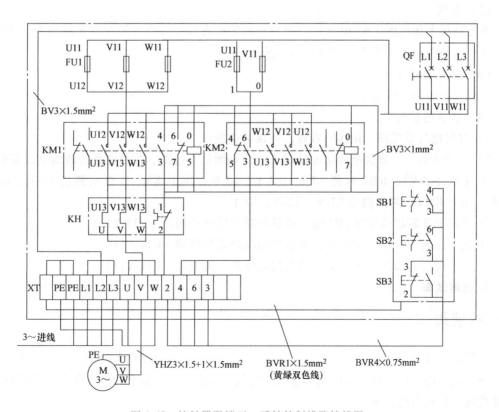

图 1-65　接触器联锁正、反转控制线路接线图

4. 安装电路板

（1）安装电器元件

在电路板上按图 1-63 安装电器元件，其排列位置、相互距离应符合要求，紧固力适当，无松动现象。工艺要求参照任务 1，实物布置图如图 1-66 所示。

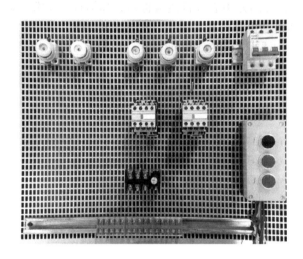

图 1-66 接触器联锁正、反转控制线路实物布置图

（2）布线

在控制板上按照图 1-63 和图 1-65 进行板前明线布线，并在导线两端套编码套管和冷压接线头。板前明线配线的工艺要求请参照任务 1。

（3）安装电动机

具体操作可参考任务 1。

（4）通电前检测

1）对照电气原理图、接线图检查，连接无遗漏。

2）万用表检测：确保电源切断情况下，分别测量主电路、控制电路的通断是否正常。

① 未压下 KM1、KM2 时测 L1-U、L2-V、L3-W；压下 KM1 后再次测量 L1-U、L2-V、L3-W；压下 KM2 后再次测量 L1-W、L2-V、L3-U。

② 未压下正转起动按钮 SB1 时，测量控制电路电源两端（U11-V11）。

③ 压下正转起动按钮 SB1 后，测量控制电路电源两端（U11-V11）。

④ 压下反转起动按钮 SB2 后，测量控制电路电源两端（U11-V11）。

5. 通电试车

>> **特别提示** 通电试车前要检查安全措施，试车时要遵守安全操作规程，出现故障时要停电检查。

为保证人身安全，在通电试车时，要认真执行安全操作规程的有关规定，一人监护，一人操作。试车前，应检查与通电试车有关的电气设备是否有不安全的因素存在，若检查出应立即整改，然后方能试车。

热继电器的整定值，应在不通电时预先整定好，并在试车时校正，检查熔体规格是否符合要求。在指导教师监护下进行，根据电路图的控制要求独立测试。观察电动机有无振动及异常噪声，若出现故障及时断电查找排除。

6. 故障排查

（1）故障现象

接通电源，合上断路器，按下正转起动按钮，电动机可以正常运行，按下反转起动按钮，电动机无反应。

（2）故障检修

1）用通电试验法观察故障现象。按下正转起动按钮，电动机可以正常运行，按下反转起动按钮，电动机无反应，表明反转控制电路有故障。

2）用逻辑分析法缩小故障范围，并在电路图中标出故障部位的最小范围，如图 1-67 所示。

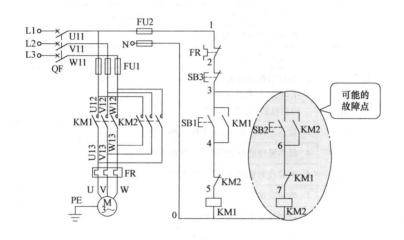

图 1-67　电路可能的故障点

3）用测量法准确、迅速地找出故障点。可以采用电阻分阶测量法或电压分阶测量法。本处建议采用电阻分阶测量法，注意断开电源电路。

4）排除故障后通电试车。通电试车后，断开电源，先拆除三相电源线，再拆除电动机负载线。

7. 整理现场

整理现场工具及电器元件，清理现场，根据工作过程填写任务书，整理工作资料。

三、注意事项

1）接触器联锁触头的接线必须正确，否则将会造成主电路中两相电源短路事故。

2）通电试车时，应先合上 QF，再按下 SB1（或 SB2）及 SB3，看控制是否正常，并在按下 SB1 后再按下 SB2，观察有无联锁作用。

3）安装完毕的电路板，必须经过认真检查后，才允许通电试车，以防止错接、漏接，造成不能正常运行或短路事故。

4）带电检修故障时，必须有教师在现场监护，并要确保用电安全。

5）要做到安全操作和文明生产。

【任务评价】

学生完成本任务的考核评价细则见评分记录表（表1-13）。

表 1-13 技能训练考核评分记录表

情境内容	配分	评 分 标 准	扣分
识读电路图	15	1. 不能正确识读电器元件,每处扣 1 分 2. 不能正确分析该电路工作原理,扣 5 分	
装前检查	5	电器元件漏检或错检,每处扣 1 分	
安装电器元件	15	1. 不按布置图安装,扣 15 分	
		2. 电器元件安装不牢固,每只扣 4 分	
		3. 电器元件安装不整齐、不均匀、不合理,每只扣 3 分	
		4. 损坏电器元件,扣 15 分	
布线	30	1. 不按原理图接线,扣 25 分	

		2. 布线不符合要求:
		  主电路,每根扣 4 分
		  控制电路,每根扣 2 分	

		3. 接点不符合要求,每个接点扣 1 分	
		4. 损伤导线绝缘或线芯,每根扣 5 分	
		5. 漏装或套错编码套管,每个扣 1 分	
通电试车	30	1. 第一次试车不成功,扣 10 分	
		2. 第二次试车不成功,扣 20 分	
		3. 第三次试车不成功,扣 30 分	
资料整理	5	任务单填写不完整,扣 2~5 分	
安全文明生产		违反安全文明生产规程,扣 2~40 分	
定额时间 2h		每超时 5min 以内以扣 3 分计算,但总扣分不超过 10 分	
备注		除额定时间外,各情境的最高扣分不应超过配分数	
开始时间		结束时间		得分	

【任务拓展】

一、按钮、接触器双重联锁的正、反转控制线路

为克服接触器联锁正、反转控制线路的不足,在接触器联锁的基础上,又增加了按钮联锁,构成按钮、接触器双重联锁正、反转控制线路,如图 1-68 所示。该线路兼有两种联锁控制线路的优点,操作方便、工作安全可靠。

线路的工作原理如下:先合上电源开关 QF。

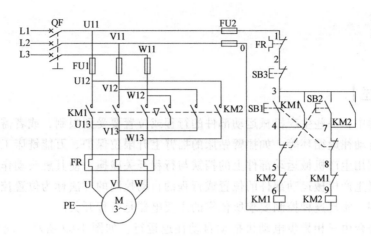

图 1-68 双重联锁的正、反转控制线路电气原理图

1. 正转控制

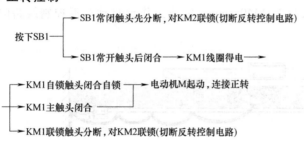

2. 反转控制

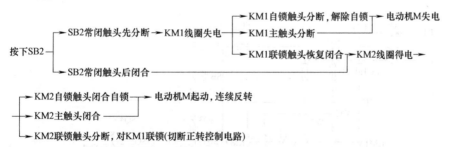

若要停止，按下 SB3，整个控制线路失电，主触头分断，电动机 M 失电停转。

请完成上述电路的安装与调试。

【思考与练习】

1. 什么是互锁？互锁有哪几种方式？如果正、反转电路没有互锁，会怎样？

2. 用倒顺开关控制电动机正、反转时，为什么不允许把手柄从"顺"的位置直接扳到"倒"的位置。

3. 分析图 1-68 所示双重联锁正、反转控制线路中各电器元件的作用，分析电路的工作原理。

4. 安装、调试双重联锁的正、反转控制线路。

5. 磨床的砂轮架能上升和下降，请设计该电路。要求：画出主电路和控制电路（提示：点动和正反转线路结合）。

任务 4

【任务描述】

在生产过程中，一些生产机械运动部件的行程或位置要受到限制，或者需要其运动部件在一定范围内自动往返循环等，如摇臂钻床的摇臂上升限位保护、万能铣床工作台的自动往返等。像这种利用生产机械运动部件上的挡铁与行程开关碰撞，使其触头动作来接通或断开电路，以实现对生产机械运动部件的位置或行程的自动控制的方法称为位置控制，又称行程控制或限位控制。实现这种控制要求所依靠的主要电器是行程开关。

某机床工作台由三相异步电动机拖动自动往返运行，如图 1-69 所示。现要安装该工作台自动往返控制线路，要求采用接触器-继电器控制，实现自动往返运行，设置短路、欠电压和失电压保护，电气原理图如图 1-70 所示。电动机的额定电压为 380V，额定功率为 180W，额定电流为 0.65A，额定转速为 1440r/min。完成工作台自动往返控制线路的安装、调试，并进行简单故障排查。

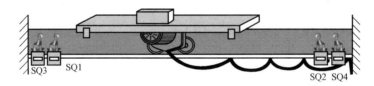

图 1-69　工作台自动往返运行示意图

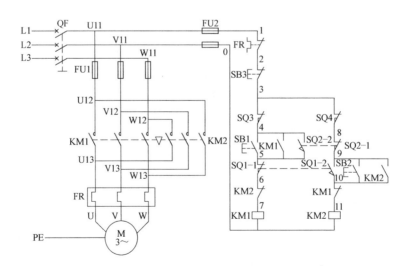

图 1-70　自动往返控制线路电气原理图

【能力目标】

1. 会正确识别、选用、安装、使用行程开关，熟悉它的功能、基本结构、工作原理及型号意义，熟记它的图形符号和文字符号。

2. 会正确识读三相异步电动机自动往返控制线路电气原理图，能分析其工作原理。

3. 会安装、调试三相异步电动机自动往返控制线路。

4. 能根据故障现象对三相异步电动机自动往返控制线路的简单故障进行排查。

【相关知识】

一、行程开关

行程开关，又称限位开关或位置开关，它可以完成行程控制或限位保护，广泛用于机床、起重机、自动线或其他机械的限位及程序控制。

行程开关的作用原理与按钮相同，区别在于它不是靠手指的按压而是利用生产机械运动部件的碰压使其触头动作，从而将机械信号转变为电信号，用以控制机械动作或用作程序控制。

1. 行程开关的结构

行程开关的种类很多，常用的行程开关有直动式（按钮式）、单轮旋转式、双轮旋转式等，它们的外形如图 1-71 所示。

图 1-71　常见行程开关的外形

各种行程开关的基本结构大体相同，都是由操作头、触头系统和外壳组成。操作头接收机械设备发出的动作指令或信号，并将其传递到触头系统，触头再将操作头传递来的动作指令或信号，通过本身的结构功能变成电信号，输出到有关控制电路，使之做出必要的反应。直动式行程开关的结构示意图和行程开关的符号如图 1-72 所示。

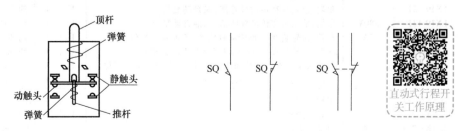

图 1-72　直动式行程开关的结构示意图和行程开关的符号

2. 行程开关的选择和使用

（1）行程开关的选择

1）根据安装环境选择防护形式（开启式或防护式）。

2）根据控制电路的电压和电流选择采用何种系统的行程开关。

3）根据机械与行程开关的传力与位移关系选择合适的头部结构形式。

（2）行程开关的使用

1）行程开关的安装位置要准确，安装要牢固，滚轮的方向不能装反，并确保能可靠地与挡铁碰撞。

2）在使用行程开关的过程中，要对其进行定期的检查和保养，除去油垢及粉尘，清理触头，经常检查其动作是否灵活、可靠，及时排除故障。

3. 行程开关的型号含义

常规行程开关中 LX19 系列和 JLXK1 系列行程开关的型号含义如图 1-73 所示，主要技术参数见表 1-14。

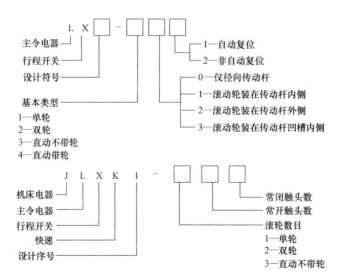

图 1-73　行程开关的型号含义

表 1-14　LX19 系列和 JLXK1 系列行程开关的主要技术参数

型号	额定电压额定电流	结构特点	触头对数		工作行程	超行程	触头转换时间
			常开	常闭			
LX19		元件	1	1	3mm	1mm	
LX19-111		单轮,滚轮装在传动杆内侧,能自动复位	1	1	约30°	约20°	
LX19-121		单轮,滚轮装在传动杆外侧,能自动复位	1	1	约30°	约20°	
LX19-131	380V	单轮,滚轮装在传动杆凹槽内,能自动复位	1	1	约30°	约20°	
LX19-212	5A	双轮,滚轮装在 U 形传动杆内侧,不能自动复位	1	1	约30°	约15°	≤0.04s
LX19-222		双轮,滚轮装在 U 形传动杆外侧,不能自动复位	1	1	约30°	约15°	
LX19-232		双轮,滚轮装在 U 形传动杆内外侧各一个,不能自动复位	1	1	约30°	约15°	
LX19-001		无滚轮,仅有径向传动杆,能自动复位	1	1	<4mm	3mm	
JLXK1-111		单轮防护式	1	1	12°~15°	≤30°	
JLXK1-211	500V	双轮防护式	1	1	约45°	≤45°	
JLXK1-311	5A	直动防护式	1	1	1~3mm	2~4mm	
JLXK1-411		直动滚轮防护式	1	1	1~3mm	2~4mm	

二、接近开关

接近开关也是一种位置开关，它利用电磁感应原理来工作，无需与运动部件进行机械直接接触就可以操作，又称为无触头行程开关。接近开关既有行程开关的特性，又具有传感性能，且动作可靠、性能稳定、频率响应快、应用寿命长、抗干扰能力强，并具有防水、防振、耐腐蚀等特点，是理想的电子开关量传感器。当金属检测体接近开关的感应区域，开关就能无接触、无压力、无火花地迅速发出电气指令，准确反映出运动机构的位置和行程。即使用于一般的行程控制，接近开关的定位精度、操作频率、使用寿命、安装调整的方便性和对恶劣环境的适用能力，是一般机械式行程开关所不能相比的。它广泛地应用于机床、冶金、化工、轻纺和印刷等行业，在自动控制系统中可用于限位、计数、定位控制和自动保护环节。接近开关的外形如图 1-74 所示。

图 1-74　接近开关的外形

常见的接近开关有电感式、电容式、霍尔式等，电源种类有交流和直流型，结构形式有圆柱型、方型、普通型、分离型、槽型等。它的用途除了行程控制和限制及限位保护外，还可用于检测金属体的存在、高速计数、测速、定位、变换运动方向、检测零件尺寸、液面控制及用作无触头按钮等。接近开关的符号如图 1-75 所示，型号含义如图 1-76 所示。

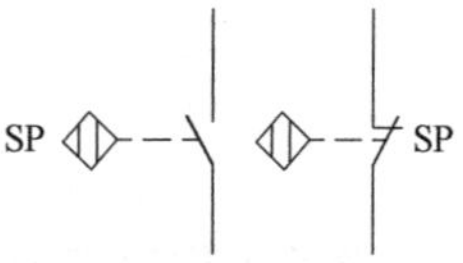

SP ◁-\\ ◁-\ SP

图 1-75　接近开关的符号

三、位置控制电路

位置控制（又称行程控制或限位控制）就是利用生产机械运动部件上的挡铁与行程开关碰撞，使其触头动作，来接通或断开电路，以实现对生产机械运动部件的位置或行程的自动控制。

位置控制电路如图 1-77 所示。工厂车间里的行车常采用这种电路，右下角是行车运动示意图，行车的两头终点处各安装一个行程开关 SQ1 和 SQ2，将这两个行程开关的常闭触头分别串接在正转控制电路和反转控制电路中。行车前、后各装有挡铁 1 和挡铁 2，行车的行

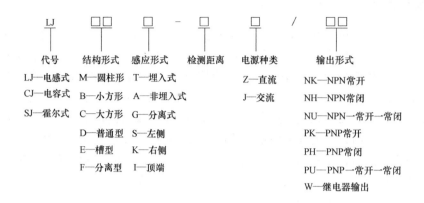

图 1-76 接近开关的型号含义

程和位置可通过移动行程开关的安装位置来调节。

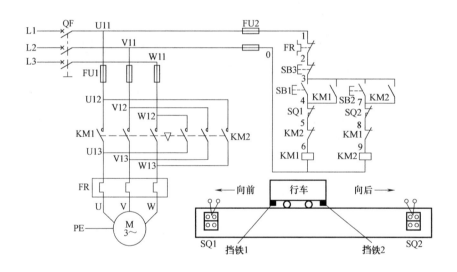

图 1-77 位置控制电路

电路的工作原理如下：先合上电源开关 QF。

1. 行车向前运动

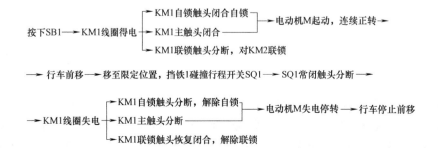

按下SB1 → KM1线圈得电 → ┌─ KM1自锁触头闭合自锁 ─┐
                        ├─ KM1主触头闭合 ─────────┤→ 电动机M起动，连续正转 →
                        └─ KM1联锁触头分断，对KM2联锁

→ 行车前移 → 移至限定位置，挡铁1碰撞行程开关SQ1 → SQ1常闭触头分断 →

→ KM1线圈失电 → ┌─ KM1自锁触头分断，解除自锁 ─┐
               ├─ KM1主触头分断 ─────────────┤→ 电动机M失电停转 → 行车停止前移
               └─ KM1联锁触头恢复闭合，解除联锁

2. 行车向后运动

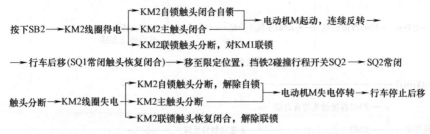

停车时只需按下 SB3 即可。

四、工作台自动往返控制线路

有些生产机械，要求工作台在一定的行程内能自动往返运动，以便实现对工件的连续加工，提高生产效率。这就需要电气控制线路能对电动机实现自动转换正、反转控制。由行程开关控制的工作台自动往返控制线路如图 1-78 所示，它的右下角是工作台自动往返运动的示意图。

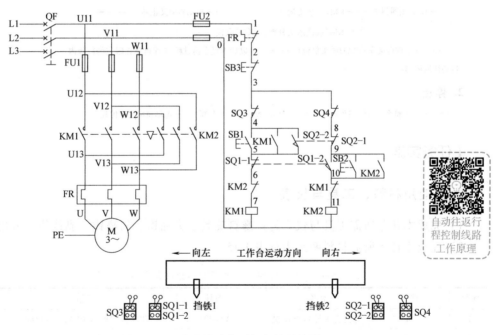

图 1-78　工作台自动往返行程控制线路

线路的工作原理如下：先合上电源开关 QF。

1. 自动往返运动

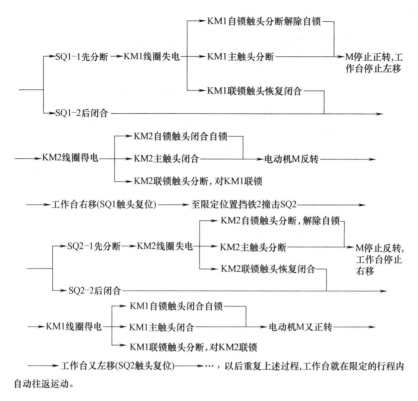

——→ 工作台又左移(SQ2触头复位) ——→ …,以后重复上述过程,工作台就在限定的行程内

自动往返运动。

2. 停止

按下SB3 ——→ 整个控制线路失电 ——→ KM1(或KM2)主触头分断 ——→ 电动机M失电停转

【任务实施】

一、使用材料、工具与仪表

1)完成本任务所需工具与仪表为:螺钉旋具、尖嘴钳、斜嘴钳、剥线钳、万用表等。

2)完成本任务所需材料明细表见表 1-15。

表 1-15 工作台自动往返控制线路线器元件明细表

序号	代号	名称	型号	规格	数量
1	M	三相交流异步电动机	YS6324	380V,180W,0.65A,1440r/min	1
2	QF	断路器	DZ47-63	380V,25A,整定 20A	1
3	FU1	熔断器	RL1-60/25A	500V,60A,配 25A 熔体	3
4	FU2	熔断器	RT18-32	500V,配 2A 熔体	2
5	KM	交流接触器	CJX-22	线圈电压220V,20A	2
6	SB	按钮	LA-18	5A	3
7	FR	热继电器	JR16-20/3	三相,20A,整定电流 1.55A	1
8	XT	端子板	TB1510	600V,15A	1
9	SQ1~SQ4	行程开关	JLX1-111	380V,5A	4
10		电路板安装套件			1

二、安装步骤及工艺要求

1. 检测电器元件

根据表 1-16 配齐所用电器元件，其各项技术指标均应符合规定要求，目测其外观无损坏，手动触头动作灵活，并用万用表进行质量检验，如不符合要求，则予以更换。

2. 根据原理图绘制电器元件布置图

工作台自动往返控制线路电器元件布置图如图 1-79 所示。

3. 绘制接线图

工作台自动往返控制线路接线图如图 1-80 所示。

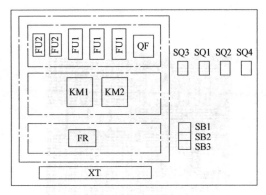

图 1-79　工作台自动往返控制线路电器元件布置图

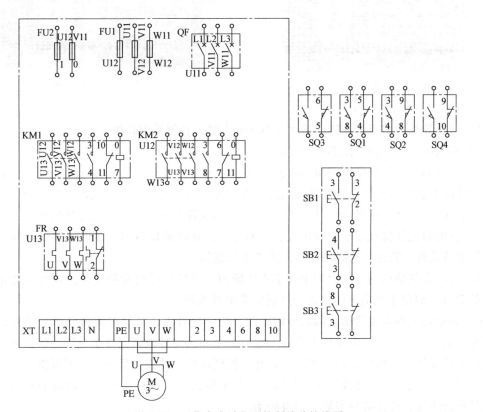

图 1-80　工作台自动往返控制线路接线图

4. 安装电路板

（1）安装电器元件

在电路板上按图 1-79 安装电器元件和走线槽，其排列位置、相互距离应符合要求，紧固力适当，无松动现象。工艺要求参照任务 1，实物布置图如图 1-81 所示。

（2）布线

在电路板上按照图 1-78 和图 1-80 进行板前线槽布线，并在导线两端套编码套管和冷压接线头，如图 1-82 所示。板前线槽配线的工艺要求如下：

图 1-81　工作台自动往返
控制线路实物布置图

图 1-82　工作台自动往返
控制线路电路板

1）所有导线的截面积在等于或大于 0.5mm^2 时，必须采用软线。

2）布线时，严禁损伤线芯和导线绝缘。

3）各电器元件接线端子引出导线的走向，以元件的水平中心线为界线，在水平中心线以上接线端子引出的导线，必须进入元件上面的走线槽；在水平中心线以下接线端子引出的导线，必须进入元件下面的走线槽。任何导线都不允许从水平方向进入走线槽内。

4）各电器元件接线端子上引出或引入的导线，除间距很小和元件机械强度很差时允许直接架空敷设外，其他导线必须经过走线槽进行连接。

5）进入走线槽内的导线要完全置于走线槽内，并应尽可能避免交叉，装线不要超过其容量的 70%，以便于能盖上线槽盖和以后的装配及维修。

6）各电器元件与走线槽之间的外露导线，应走线合理，并尽可能做到横平竖直，变换走向时要垂直走线。同一个元件上位置一致的端子和同型号电器元件中位置一致的端子上引出或引入的导线，要敷设在同一平面上，并应做到高低一致或前后一致，不得交叉。

7）所有接线端子、导线线头上都应套有与电路图上相应接点线号一致的编码套管，并按线号进行连接，连接必须牢靠，不得松动。

8）在任何情况下，接线端子必须与导线截面积和材料性质相适应。当接线端子不适合连接软线或较小截面积的软线时，可以在导线端头穿上针形或叉形轧头并压紧。

9）一般一个接线端子只能连接一根导线，如果采用专门设计的端子，可以连接两根或多根导线，但导线的连接方式，必须是公认的、在工艺上成熟的各种方式，如夹紧、压接、焊接、绕接等，并应严格按照连接工艺的工序要求进行。

（3）安装电动机

具体操作可参考任务 1。

（4）通电前检测

1）对照电气原理图、接线图检查，连接无遗漏。

2）万用表检测：确保电源切断情况下，分别测量主电路、控制电路，通断是否正常。

① 未压下 KM1 时测 L1-U、L2-V、L3-W，压下 KM1 后再次测量 L1-U、L2-V、L3-W；

② 未按下正转起动按钮 SB1 时，测量控制电路电源两端（U11-V11）；

③ 按下起动按钮 SB1 后，测量控制电路电源两端（U11-V11）；

④ 按下反转起动按钮 SB2 后，测量控制电路电源两端（U11- V11）。

5. 通电试车

>> **特别提示**　通电试车前要检查安全措施，试车时要遵守安全操作规程，出现故障时要停电检查。

为保证人身安全，在通电试车时，要认真执行安全操作规程的有关规定，一人监护，一人操作。试车前，应检查与通电试车有关的电气设备是否有不安全的因素存在，若检查出应立即整改，然后方能试车。

行程开关必须安装在合适的位置；手动操作时，检查各行程开关和终端保护动作是否正常可靠。并在试车时校正，检查熔体规格是否符合要求。在指导教师监护下进行，根据电路图的控制要求独立测试。观察电动机有无振动及异常噪声，若出现故障及时断电查找排除。

6. 故障排查

（1）故障现象

按下起动按钮 SB1，工作台无反应；按下起动按钮 SB2，电动机可以带动工作台向右运行，运行到 SQ2 工作台停止运行。

（2）故障检修

针对上述故障现象，可按下述检修步骤及方法进行故障排除：

1）用通电试验法观察故障现象。实验过程中，若电动机能完成反转运行，则初步判断电动机反转主电路无故障。

2）用逻辑分析法缩小故障范围，并在电路图中标出故障部位的最小范围。根据故障现象"按下起动按钮 SB2，电动机可以带动工作台向右运行，运行到 SQ2 工作台停止运行"，初步判断反转运行控制电路无故障，故障电路可能出现在正转运行控制电路及主电路处，在电路上标出可能的故障点，如图 1-83 所示。

3）用测量法正确、迅速地找出故障点，可以采用电阻分阶测量法或电压分阶测量法。

4）排除故障后通电试车。通电试车后，断开电源，先拆除三相电源线，再拆除电动机负载线。

7. 整理现场

整理现场工具及电器元件，清理现场，根据工作过程填写任务书，整理工作资料。

三、注意事项

1）行程开关可以先安装好，不占定额时间。行程开关必须牢固安装在合适的位置上。安装后，必须用手动工作台或受控机械进行试验，合格后才能使用。训练中，若无条件进行实际机械安装试验时，可将行程开关安装在电路板上方（或下方）两侧，进行手控模拟试验。

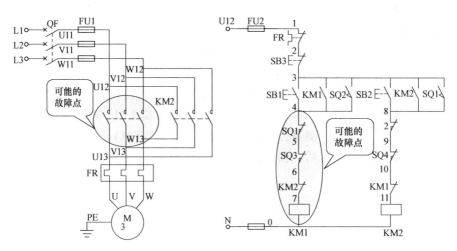

图 1-83　工作台自动往返控制线路故障排查图

2）通电校验时，必须先手动行程开关，试验各行程控制和终端保护动作是否正常可靠。

3）走线槽安装后可不必拆卸，以供后面课题训练时使用。安装线槽的时间不计入定额时间内。

4）通电校验时，必须有指导教师在现场监护，学生应根据电路的控制要求独立进行校验，若出现故障也应自行排除。

5）安装训练应在规定的定额时间内完成，同时要做到安全操作和文明生产。

【任务评价】

学生完成本任务的考核评价细则见评分记录（表 1-16）。

表 1-16　技能训练考核评分记录表

情境内容	配分	评 分 标 准	扣分
识读电路图	15	1. 不能正确识读电器元件，每处扣 1 分 2. 不能正确分析该电路工作原理，扣 5 分	
装前检查	5	电器元件漏检或错检，每处扣 1 分	
安装电器元件	15	1. 不按布置图安装，扣 15 分	
		2. 电器元件安装不牢固，每只扣 4 分	
		3. 电器元件安装不整齐、不均匀、不合理，每只扣 3 分	
		4. 损坏电器元件，扣 15 分	
布线	30	1. 不按原理图接线，扣 25 分	
		2. 布线不符合要求： 　主电路，每根扣 4 分 　控制电路，每根扣 2 分	
		3. 接点不符合要求，每个接点扣 1 分	
		4. 损伤导线绝缘或线芯，每根扣 5 分	
		5. 漏装或套错编码套管，每个扣 1 分	

（续）

情境内容	配分	评 分 标 准	扣分
通电试车	30	1. 第一次试车不成功,扣 10 分	
		2. 第二次试车不成功,扣 20 分	
		3. 第三次试车不成功,扣 30 分	
资料整理	5	任务单填写不完整,扣 2~5 分	
安全文明生产		违反安全文明生产规程,扣 2~40 分	
定额时间 2h		每超时 5min 以内以扣 3 分计算,但总扣分不超过 10 分	
备 注		除定额时间外,各情境的最高扣分不应超过配分数	
开始时间		结束时间　　　　　　　　　得分	

【任务拓展】

某工厂车间里的行车示意图如图 1-84 所示，在行程的两个终端处各安装一个限位开关，并将这两个限位开关的常闭触头串接在控制电路中，就可以达到限位保护的目的。行车限位控制线路电气原理图如图 1-85 所示。

请分析线路的工作原理，并完成上述线路的安装与调试。

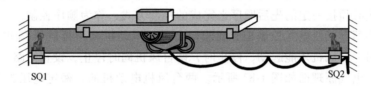

图 1-84　某工厂车间行车示意图

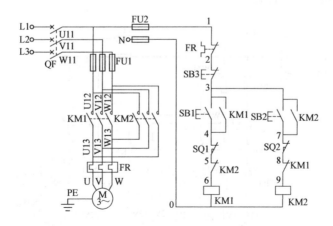

图 1-85　行车限位控制线路电气原理图

【思考与练习】

1. 图 1-78 所示线路如果只要行程控制，不要限位控制，应该怎么改？

2. 什么是位置控制？

3. 如果图 1-86 中的行车起动后自动往返运动，其控制线路应如何画？

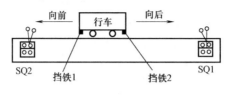

图 1-86 题 3 图

4. 安装、调试行车限位控制线路。

任务 5

【任务描述】

在装有多台电动机的生产机械上，各电动机所起的作用不同，有时需要按一定的顺序起动或停止，才能保证操作过程的合理和工作的安全可靠。如万能铣床要求主轴起动后，进给电动机才能起动；平面磨床的冷却泵要求砂轮电动机起动后才能起动。像这种要求几台电动机的起动或停止必须按一定的先后顺序来完成的控制方式，称为顺序控制。

现在要安装两台风机电气控制柜，要求两台风机电动机采用接触器-继电器控制，一台风机起动后，另一台风机才能起动，停止时，两台风机同时停止，设置短路、过载、欠电压和失电压保护，电气原理图如图 1-87 所示。两台风机电动机的，额定电压为 380V，额定功率为 180W，额定电流为 0.65A，额定转速为 1440r/min。完成两台风机运行控制线路的安装、调试，并进行简单故障排查。

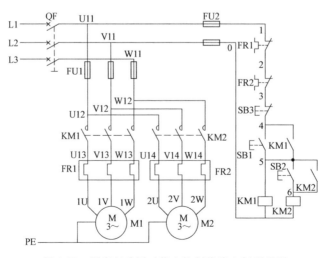

图 1-87 顺序起动同时停止控制线路电气原理图

【能力目标】

1. 会正确识读三相异步电动机顺序控制线路电气原理图，能分析其工作原理。

2. 会安装、调试三相异步电动顺序控制线路。

3. 能根据故障现象对三相异步电动机顺序控制线路的简单故障进行排查。

4. 了解多地控制的实现方法。

【相关知识】

一、主电路实现顺序控制

图 1-88 和图 1-89 为主电路实现顺序控制的电气原理图，其特点是电动机 M2 的主电路接在 KM（或 KM1）主触头的下面。

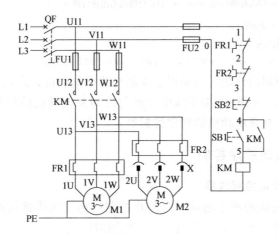

图 1-88　主电路实现顺序控制的电气原理图（一）

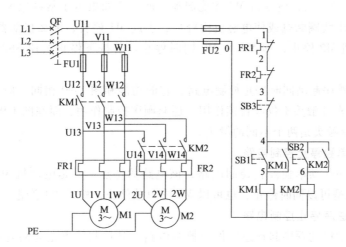

图 1-89　主电路实现顺序控制的电气原理图（二）

在图 1-88 所示控制线路中，电动机 M2 通过接插器 X 接在接触器 KM 主触头的下面，因此，只有当 KM 主触头闭合，电动机 M1 起动运行后，电动机 M2 才可能接通电源运行。

在图 1-89 所示控制线路中，电动机 M1 和 M2 分别通过接触器 KM1 和 KM2 来控制，接触器 KM2 的主触头接在接触器 KM1 主触头的下面，这样就保证了当 KM1 主触头闭合，电动机 M1 起动运行后，电动机 M2 才能接通电源运行。

电路的工作原理如下：先合上电源开关 QF。

1. M1 起动后 M2 才能起动

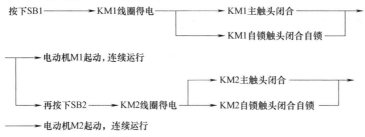

2. M1、M2 同时停转

按下 SB3 ——→ 控制线路失电 ——→ KM1、KM2 主触头分断 ——→ M1、M2 同时停转

主电路实现顺序控制的控制线路多用于控制小功率电动机，或机床设备中主机与冷却泵电动机顺序控制。例如，CA6140 型车床中主机与冷却泵电动机的顺序控制，M7130 型平面磨床中砂轮电动机与冷却泵电动机的顺序控制等。

二、控制线路实现顺序控制

1. 顺序起动同时停止控制线路

图 1-90 为两台电动机的顺序起动同时停止控制线路。该线路的控制特点：一是电动机 M1 起动后电动机 M2 才能起动；二是两台电动机同时停止。

由图 1-90 中的控制电路部分可知，控制电动机 M2 的接触器 KM2 的线圈接在接触器 KM1 的辅助常开触头之后，这就保证了只有当 KM1 线圈通电、其主触头和辅助常开触头接通、电动机 M1 起动之后，电动机 M2 才能起动。而且，如果由于某种原因如过载或欠电压等，使接触器 KM1 线圈断电或使电磁机构释放，引起 M1 停转，那么接触器 KM2 线圈也立即断电，使电动机 M2 停止，即 M1 和 M2 同时停止。若按下停止按钮 SB3，电动机 M1 和 M2 也会同时停止。

图 1-91 也是顺序起动同时停止控制电路，它的功能和图 1-90 相同，但是结构不同。图 1-90 的 KM1 辅助常开触头不仅起自锁作用，还起顺序控制作用，而在图 1-91 中，KM1 的自锁触头和顺序控制触头是两个不同的触头。

2. 顺序起动单独停止控制电路

图 1-92 为顺序起动单独停止控制电路，该电路的特点：一是电动机 M1 起动后电动机 M2 才能起动；二是可以同时停止，也可以 M2 先单独停止，然后 M1 停止。

3. 顺序起动逆序停止控制电路

图 1-93 是电动机的顺序起动逆序停止控制电路，其控制特点是起动时必须先起动电动机 M1，才能起动电动机 M2；停止时必须先停止 M2，M1 才能停止。电路分析如下：

合上电源开关 QF，主电路和控制电路接通电源，此时电路无动作。

起动时若先按下 SB21，因 KM1 的辅助常开触头断开而使 KM2 的线圈不可能通电，电动机 M2 也不会起动。

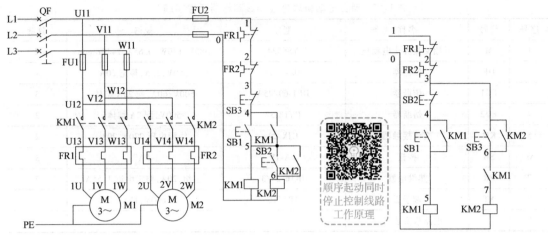

图 1-90　顺序起动同时停止控制线路

图 1-91　顺序起动同时停止控制电路

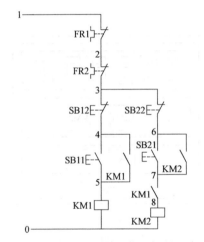

图 1-92　顺序起动单独停止控制电路

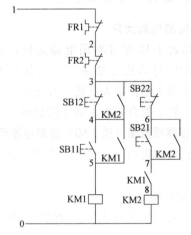

图 1-93　顺序起动逆序停止控制电路

此时应先按下 SB11，KM1 线圈通电，主触头接通使电动机 M1 起动；两个辅助常开触头也接通，一个实现自锁，另一个为起动 M2 做准备。再按下 SB21，KM2 线圈因 KM1 的辅助常开触头已接通而通电，主触头接通使电动机 M2 起动，辅助常开触头接通实现自锁。

停止时若先按下 SB12，因 KM2 的辅助常开触头的接通使 KM1 的线圈不可能断电，电动机 M1 不可能停止。

此时应先按下 SB22，KM2 线圈断电，主触头断开使电动机 M2 停止；两个辅助常开触头断开，一个解除自锁，另一个为停止 M1 做准备。再按下 SB12，KM1 线圈断电，主触头断开使电动机 M1 停止，辅助常开触头断开，解除自锁。

【任务实施】

一、使用材料、工具与仪表

1）完成本任务所需工具与仪表为：螺钉旋具、尖嘴钳、斜嘴钳、剥线钳、万用表等。

2）完成本任务所需材料明细表见表 1-17。

表 1-17 两台电动机顺序控制线路电器元件明细表

序号	代号	名称	型号	规格	数量
1	M	三相交流异步电动机	YS6324	380V,180W,0.65A,1440r/min	2
2	QF	断路器	DZ47-63	380V,25A,整定20A	1
3	FU1	熔断器	RL1-60/25A	500V,60A,配25A熔体	3
4	FU2	熔断器	RT18-32	500V,配2A熔体	2
5	KM	交流接触器	CJX-22	线圈电压220V,20A	2
6	SB	按钮	LA-18	5A	3
7	FR	热继电器	JR16-20/3	三相,20A,整定电流1.55A	2
8	XT	端子板	TB1510	600V,15A	1
9		电路板安装套件			1

二、安装步骤及工艺要求

1. 检测电器元件

根据表 1-18 配齐所用电器元件,其各项技术指标均应符合规定要求,目测其外观有无损坏,手动触头动作是否灵活,并用万用表进行质量检验,如不符合要求,则予以更换。

2. 根据原理图(图 1-90)绘制电器元件布置图

两台电动机顺序控制线路电器元件布置图如图 1-94 所示。

3. 绘制接线图

两台电动机顺序控制线路接线图如图 1-95 所示。

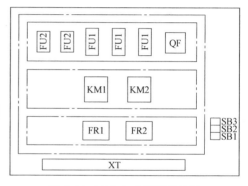

图 1-94 两台电动机顺序控制线路电器元件布置图

4. 安装电路板

(1)安装电器元件

在电路板上按图 1-94 安装电器元件和走线槽,其排列位置、相互距离应符合要求,紧固力适当,无松动现象。工艺要求参照任务 1,实物布置图如图 1-96 所示。

(2)布线

在电路板上按照图 1-90 和图 1-94 进行板前线槽布线,并在导线两端套编码套管和冷压接线头,如图 1-97 所示。板前线槽配线的工艺要求参照项目 1 中的任务 4。

(3)安装电动机

具体操作可参考任务 1。

(4)通电前检测

1)对照电气原理图、接线图检查,连接无遗漏。

2)万用表检测:确保电源切断情况下,分别测量主电路、控制电路,通断是否正常。

① 未压下 KM1、KM2 时,测 L1-U1、L2-V1、L3-W1、L1-U2、L2-V2、L3-W2,压下 KM1 后再次测量 L1-U1、L2-V1、L3-W1;压下 KM2 后再次测量 L1-U2、L2-V2、L3-W2;

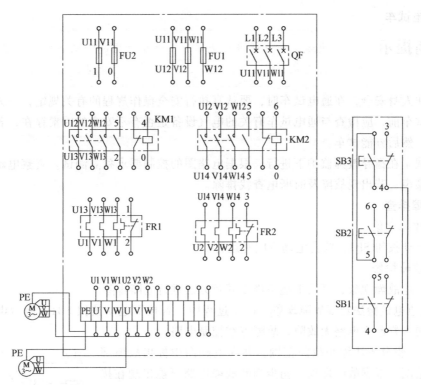

图 1-95　两台电动机顺序控制线路接线图

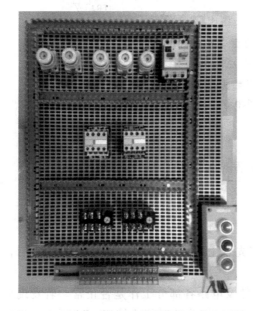

图 1-96　两台电动机顺序控制线路实物布置图

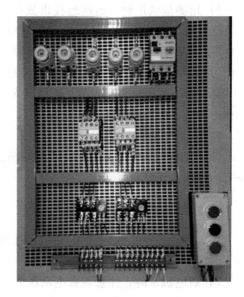

图 1-97　两台电动机顺序控制线路控制板

② 未按下第 1 台电动机起动按钮 SB1 时，测量控制电路电源两端（U11-V11）；

③ 按下第 1 台电动机起动按钮 SB1 后，测量控制电路电源两端（U11-V11）；

④ 按下第 2 台电动机起动按钮 SB2 后，测量控制电路电源两端（U11-V11）；

5. 通电试车

>> **特别提示**　　通电试车前要检查安全措施，试车时要遵守安全操作规程，出现故障时要停电检查。

为保证人身安全，在通电试车时，要认真执行安全操作规程的有关规定，一人监护，一人操作。试车前，应检查与通电试车有关的电气设备是否有不安全的因素存在，若检查出应立即整改，然后方能试车。

通电试车在指导教师监护下进行，根据电路图的控制要求独立测试。观察电动机有无振动及异常噪声，若出现故障及时断电查找排除。

6. 故障排查

（1）故障现象

按下起动按钮 SB1，两台电动机同时运行。

（2）故障检修

针对上述故障现象，可按下述检修步骤及方法进行故障排除。

1）用通电试验法观察故障现象。试验过程中，若按下起动按钮 SB1，两台电动机同时运行，则初步判断主电路无故障，故障点在控制电路。

2）用逻辑分析法缩小故障范围，并在电路图中标出故障部位的最小范围。根据故障现象，初步判断故障电路可能出现在按钮 SB2 或 KM2 自锁触头，在电路上标出可能的故障点，如图 1-98 所示。

3）用测量法正确、迅速地找出故障点。可以采用电阻分阶测量法或电压分阶测量法。建议采用电阻测量法测量 5-6 点之间的电阻，若万用表显示电阻为 0，则可以判定是 5-6 点之间短接。由此可知，可能是按钮 SB2 损坏或常开触头和常闭触头接反。

4）排除故障后通电试车。通电试车后，断开电源，先拆除三相电源线，再拆除电动机负载线。

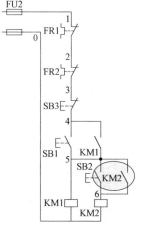

图 1-98　两台电动机顺序控制电路故障排查图

7. 整理现场

整理现场工具及电器元件，清理现场，根据工作过程填写任务书，整理工作资料。

三、注意事项

1）通电试车前，应熟悉电路的操作顺序，即先合上电源开关 QF，然后按下 SB1 后再按下 SB2 顺序起动，按下 SB3 停止。

2）通电试车时，注意观察电动机、各电器元件及电路各部分工作是否正常。若发现异常情况，必须立即切断电源开关 QF，而不是按下 SB3，因为此时停止按钮 SB3 可能已失去作用。

3）通电校验时，必须有指导教师在现场监护，学生应根据电路的控制要求独立进行校验，若出现故障也应自行排除。

4）安装训练应在规定的定额时间内完成，同时要做到安全操作和文明生产。

【任务评价】

学生完成本任务的考核评价细则见评分记录表（表1-18）。

表1-18　技能训练考核评分记录表

情境内容	配分	评分标准	扣分
识读电路图	15	1. 不能正确识读电器元件，每处扣1分 2. 不能正确分析该电路工作原理，扣5分	
装前检查	5	电器元件漏检或错检，每处扣1分	
安装电器元件	15	1. 不按布置图安装，扣15分	
		2. 电器元件安装不牢固，每只扣4分	
		3. 电器元件安装不整齐、不均匀、不合理，每只扣3分	
		4. 损坏电器元件，扣15分	
布线	30	1. 不按原理图接线，扣25分	
		2. 布线不符合要求： 　主电路，每根扣4分 　控制电路，每根扣2分	
		3. 接点不符合要求，每个接点扣1分	
		4. 损伤导线绝缘或线芯，每根扣5分	
		5. 漏装或套错编码套管，每个扣1分	
通电试车	30	1. 第一次试车不成功，扣10分	
		2. 第二次试车不成功，扣20分	
		3. 第三次试车不成功，扣30分	
资料整理	5	任务单填写不完整，扣2~5分	
安全文明生产		违反安全文明生产规程，扣2~40分	
定额时间2h		每超时5min以内以扣3分计算，但总扣分不超过10分	
备注		除定额时间外，各情境的最高扣分不应超过配分数	
开始时间		结束时间	得分

【任务拓展】

　　能在两地或多地控制同一台电动机的控制方式称为电动机的多地控制。图1-99为两地控制的具有过载保护接触器自锁正转控制线路。其中SB11、SB12为安装在甲地的起动按钮和停止按钮；SB21、SB22为安装在乙地的起动按钮和停止按钮。线路的特点是：两地的起动按钮SB11、SB21要并联在一起；停止按钮SB12、SB22要串联一起。这样就可以分别在甲、乙两地起动和停止同一台电动机，达到操作方便的目的。

　　若要实现三地或多地控制，只要把各地的起动按钮并联、停止按钮串联就可以了。

　　多地控制线路常应用在床身较大的机床设备上，以方便操作。例如，X62W型万能卧式铣床的前面和侧面各有黑、绿、红三个按钮，分别是停止、起动、快速移动按钮，如图1-100所示。

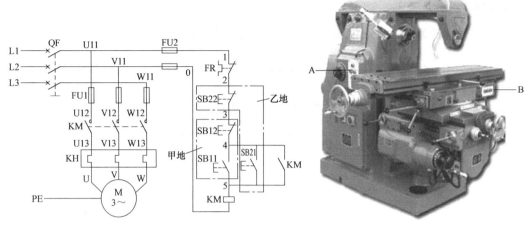

图 1-99 两地控制的具有过载保护接触器自锁正转控制线路

图 1-100 X62W 万能卧式铣床两地控制

请完成上述两地控制线路的安装与调试。

【思考与练习】

1. 试分析图 1-101 所示控制线路的工作原理，并说明该线路属于哪种顺序控制线路。

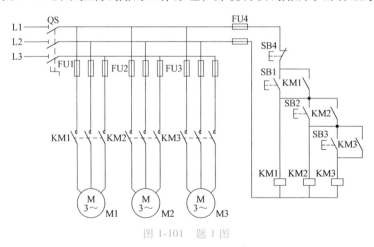

图 1-101 题 1 图

2. 图 1-102 为三条传送带运输机的示意图，对于这三条传送带运输机的电气要求是：

（1）起动顺序为 1 号、2 号、3 号，即顺序起动，以防止货物在带上堆积。

（2）停止顺序为 3 号、2 号、1 号，即逆序停止，以保证停车后带上不残存货物。

（3）当 1 号或 2 号出现故障停止时，3 号能随即停止，以免继续进料。

试画出三条传送带运输机的电气原理图，并叙述其工作原理。

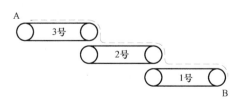

图 1-102 传送带运输机的示意图

3. 安装、调试两地控制线路。

任务6　　安装与检修三相异步电动机减压起动控制线路

【任务描述】

前面学习的各种控制线路在起动时，加在电动机定子绕组上的电压为电动机的额定电压，属于全压起动，也称直接起动。直接起动的优点是电气设备少、电路简单、维修量较小。但是异步电动机直接起动时，起动电流一般为额定电流的4~7倍，在电源变压器容量不够大，而电动机功率较大的情况下，直接起动将会使电源变压器输出电压下降，不仅影响电动机本身的起动转矩，也会影响同一供电电路中其他电气设备的正常工作。因此，较大功率的电动机起动时，需要采用减压起动的方法。减压起动是指利用起动设备将电压适当降低后，加到电动机的定子绕组上进行起动，待电动机起动运行后，再使其电压恢复到额定值正常运行。常见的减压起动方法有定子绕组串接电阻减压起动、自耦变压器减压起动、丫-△减压起动、延边三角形减压起动等。

某工厂机加工车间要安装一台风机，如图1-103所示。现在要为此风机安装电气控制柜，要求采用接触器-继电器控制，起动方式采用丫-△减压起动，设置短路、过载、欠电压和失电压保护，电气原理图如图1-104所示。风机电动机的额定电压为380V，额定功率为180W，额定电流为0.65A，额定转速为1440r/min。完成风机丫-△减压起动运行控制线路的安装、调试，并进行简单故障排查。

图1-103　风机的外形

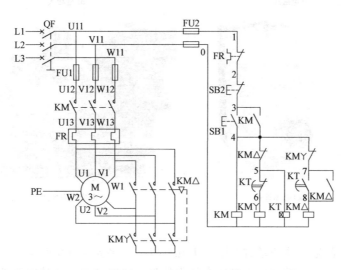

图1-104　风机丫-△减压起动控制线路电气原理图

【能力目标】

1. 会正确识别、选用、安装、使用时间继电器，熟悉它的功能、基本结构、工作原理及型号意义，熟记它的图形符号和文字符号。

2. 会正确识读三相异步电动机定子绕组串接电阻减压起动、自耦变压器减压起动、丫-△减压起动、延边三角形减压起动控制线路的电气原理图，能分析其工作原理。

3. 能检测时间继电器。

4. 会安装、调试三相异步电动机丫-△减压起动控制线路。

5. 能根据故障现象对三相异步电动机丫-△减压起动控制线路的简单故障进行排查。

【相关知识】

一、时间继电器

时间继电器也称为延时继电器，是一种用来实现触头延时接通或断开的控制电器。时间继电器种类繁多，但目前常用的时间继电器主要有空气阻尼式、电动式、晶体管式及电磁式等几大类，外形如图 1-105 所示。

a) 电磁式　　　　b) 电动式

c) 晶体管式　　　　d) 空气阻尼式

图 1-105　时间继电器的外形

一般电磁式时间继电器的延时范围在十几秒以下，多为断电延时型，其延时整定精度和稳定性不是很高，但由于继电器本身适应能力较强，所以常在一些精度要求不高、工作条件恶劣的场合采用。电磁式时间继电器主要有 JT3 系列。

电动式时间继电器的延时精度高、延时可调范围大（由几分钟到十几小时），但结构复杂、价格昂贵，如 JS11 系列和西门子公司引进的 7FR 型同步电动机式时间继电器。

空气阻尼式时间继电器的延时范围大（可以扩大到数分钟），但整定精度较差，所以只适用于一般场合，如 JS7-A 系列。

晶体管式时间继电器也称为半导体时间继电器或电子式时间继电器，具有机械结构简单、延时范围宽、整定精度高、消耗功率小、调整方便及寿命长等优点，所以发展迅速，其应用也越来越广。

在电力拖动控制线路中，空气阻尼式时间继电器应用较多，随着电子技术的发展，晶体管式时间继电器的应用也日益广泛。

时间继电器按延时方式可分为通电延时型和断电延时型两种。通电延时型时间继电器在其感测部分接收信号后开始延时，一旦延时完毕，就通过执行部分输出信号以操纵控制电路，当输入信号消失时，继电器就立即恢复到动作前的状态（复位）。断电延时型与通电延时型相反。断电延时型时间继电器在其感测部分接收输入信号后，执行部分立即动作，但当输入信号消失后，继电器必须经过一定的延时，才能恢复到原来（即动作前）的状态（复位），并且有信号输出。

1. 时间继电器的结构和工作原理

空气阻尼式时间继电器的外形结构示意图如图 1-106 所示。

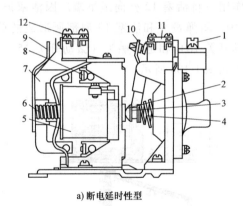

a) 断电延时性型　　　　　　　　　　　　b) 通电延时型

图 1-106　空气阻尼式时间继电器的外形结构示意图

1—调节螺钉　2—推板　3—推杆　4—宝塔弹簧　5—电磁线圈　6—反作用弹簧

7—衔铁　8—铁心　9—弹簧片　10—杠杆　11—延时触头　12—瞬时触头

图 1-107 为 JS7-A 系列时间继电器的内部结构示意图。它由电磁系统、延时机构和工作触头三部分组成。将电磁机构翻转 180°安装后，通电延时型可以改换成断电延时型，同样，断电延时型也可改换成通电延时型。

在通电延时型时间继电器中，当线圈 1 通电后，铁心 2 将衔铁 3 吸合，瞬时触头迅速动作（推板 5 使微动开关 16 立即动作），活塞杆 6 在宝塔弹簧 8 作用下，带动活塞 12 及橡胶膜 10 向上移动，由于橡胶膜下方气室空气稀薄，形成负压，因此活塞杆 6 不能迅速上移。当空气由进气孔 14 进入时，活塞杆 6 才逐渐上移。当移到最上端时，延时触头动作（杠杆 7 使微动开关 15 动作），延时时间即为线圈通电开始至微动开关 15 动作为止的这段时间。

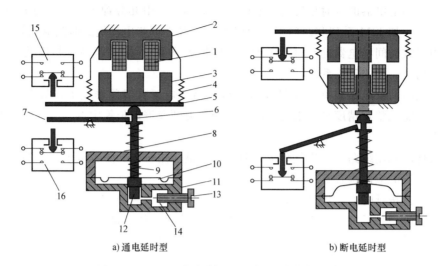

图 1-107　JS7-A 系列时间继电器的内部结构示意图

1—线圈　2—铁心　3—衔铁　4—反作用弹簧　5—推板　6—活塞杆　7—杠杆　8—宝塔弹簧
9—弱弹簧　10—橡胶膜　11—空气室壁　12—活塞　13—调节螺钉　14—进气孔　15、16—微动开关

通过调节螺钉 13 调节进气孔 14 的大小，就可以调节延时时间。

线圈断电时，衔铁 3 在反作用弹簧 4 的作用下将活塞 12 推向最下端。因活塞被往下推时，橡胶膜下方气室内的空气都通过橡胶膜 10、弱弹簧 9 和活塞 12 肩部所形成的单向阀，经上气室缝隙顺利排掉，因此瞬时触头（微动开关 16）和延时触头（微动开关 15）均迅速复位。通电延时型时间继电器工作原理示意图如图 1-108 所示。

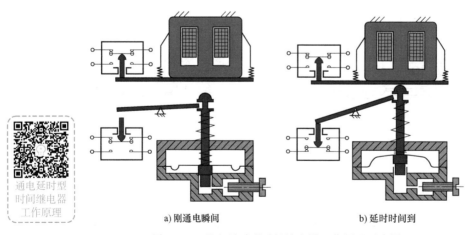

通电延时型时间继电器工作原理

图 1-108　通电延时型时间继电器工作原理示意图

将电磁机构翻转 180°安装后，可形成断电延时型时间继电器。它的工作原理与通电延时型时间继电器的工作原理相似，线圈通电后，瞬时触头和延时触头均迅速动作；线圈失电后，瞬时触头迅速复位，延时触头延时复位。只是延时触头原来常开的要当常闭用，原来常闭的要当常开用。

2. 时间继电器的符号和型号含义

时间继电器的符号如图 1-109 所示。

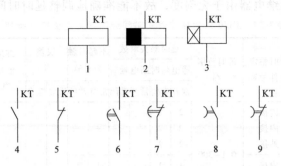

图 1-109　时间继电器符号

1—线圈一般符号　2—断电延时型线圈　3—通电延时型线圈　4—瞬时常开触头　5—瞬时常闭触头　6—延时闭
合常开触头　7—延时断开常闭触头　8—延时断开常开触头　9—延时闭合常闭触头

JS7-A 系列时间继电器的型号含义如图 1-110 所示。JS7-A 系列空气阻尼式时间继电器的主要技术参数见表 1-19；JS20 系列晶体管式时间继电器的主要技术参数见表 1-20。

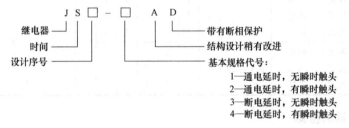

图 1-110　时间继电器型号含义

表 1-19　JS7-A 系列空气阻尼式时间继电器的主要技术参数

型号	瞬时动作触头对数		有延时的触头对数				触头额定电压/V	触头额定电流/A	线圈电压/V	延时范围/s	额定操作频率/(次/h)
			通电延时		断电延时						
	常开	常闭	常开	常闭	常开	常闭					
JS7-1A	—	—	1	1	—	—	380	5	24、36、110、127、220、380、420	0.4~60 及 0.4~180	600
JS7-2A	1	1	1	1	—	—					
JS7-3A	—	—	—	—	1	1					
JS7-4A	1	1	—	—	1	1					

3. 时间继电器的选择和使用

（1）时间继电器的选择

1）类型选择：凡是对延时要求不高的场合，一般采用价格较低的 JS7-A 系列时间继电器；对于延时要求较高的场合，可选用晶体管式时间继电器。

2）延时方式的选择：时间继电器有通电延时和继电延时两种，应根据控制线路的要求来选择。

3）线圈电压的选择　根据控制线路电压来选择时间继电器吸引线圈的电压。

（2）时间继电器的使用

1）时间继电器的整定值应在不通电时预先整定好，并在试车时校验。

2）JS7-A 系列时间继电器只要将线圈转动 180° 即可将通电延时改为断电延时。

3）JS7-A 系列时间继电器由于无刻度，故不能准确地调整延时时间。

表 1-20　JS20 系列晶体管式时间继电器的主要技术参数

型号	结构形式	延时整定元件位置	延时范围/s	通电延时常开	通电延时常闭	断电延时常开	断电延时常闭	不延时常开	不延时常闭	误差重复(%)	误差综合(%)	环境温度/℃	工作电压交流/V	工作电压直流/V	功率消耗/W	机械寿命/万次
JS20-□/00	装置式	内接		2	2											
JS20-□/01	面板式	内接		2	2	—	—	—	—							
JS20-□/02	装置式	外接	0.1~300	2	2											
JS20-□/03	装置式	内接		1	1			1	1							
JS20-□/04	面板式	内接		1	1	—	—	1	1							
JS20-□/05	装置式	外接		1	1				1				36、110、127、220、380	24、48、110		
JS20-□/10	装置式	内接		2	2					±3	±10	-10~40			≤5	1000
JS20-□/11	面板式	内接		2	2	—	—	—	—							
JS20-□/12	装置式	外接	0.1~3600	2	2											
JS20-□/13	装置式	内接		1	1			1	1							
JS20-□/14	面板式	内接		1	1	—	—	1	1							
JS20-□/15	装置式	外接		1	1				1							
JS20-□D/00	装置式	内接				2	2									
JS20-□D/01	面板式	内接	0.1~180	—	—	2	2	—	—							
JS20-□D/02	装置式	外接				2	2									

4. 时间继电器的检测

（1）测量线圈（见图 1-111）

1）将万用表置于电阻 $R \times 100\Omega$ 档，调零。

2）通过表笔接触线圈两端的接线螺钉 A1、A2，测量线圈电阻，若为零，说明短路；若为无穷大，说明开路；若测得电阻，为正常。

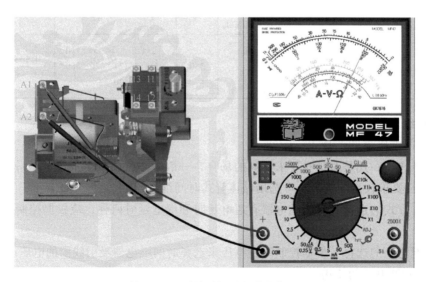

图 1-111　测量时间继电器的线圈

（2）测量触头（见图 1-112）

将表笔接触任意两触头，手动推动衔铁，模拟时间继电器动作，延时时间到后，若指针从无穷大指向零，说明这对触头是常开触头，若指针从零指向无穷大，说明这对触头是常闭触头；若指针不动，说明这两触头不是一对触头。

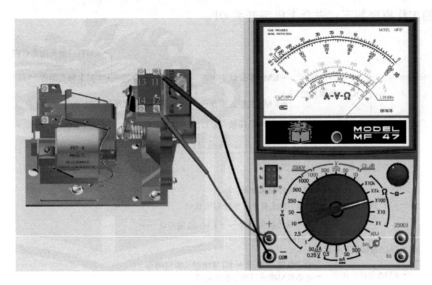

图 1-112　测量时间继电器的触头

二、丫- △减压起动控制线路

丫-△减压起动是指电动机起动时，把定子绕组接成星形，以降低起动电压，限制起动电流。待电动机起动后，再把定子绕组改接成三角形，使电动机全压运行。凡是在正常运行时定子绕组作三角形连接的异步电动机，均可采用这种减压起动方法。

电动机起动时接成星形，加在每相定子绕组上的起动电压只有三角形联结的 1/3，起动电流为三角形联结的 1/3，起动转矩也只有三角形联结的 1/3。所以这种减压起动方法，只适用于轻载或空载下起动。

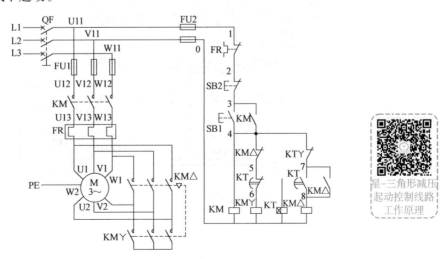

图 1-113　丫-△减压起动控制线路电气原理图

Y-△减压起动控制线路电气原理图如图1-113所示。该电路由三个接触器、一个热继电器、一个时间继电器和两个按钮组成。时间继电器KT用于控制星形减压起动的时间和完成Y-△自动切换。

线路的工作原理如下：先合上电源开关QF。

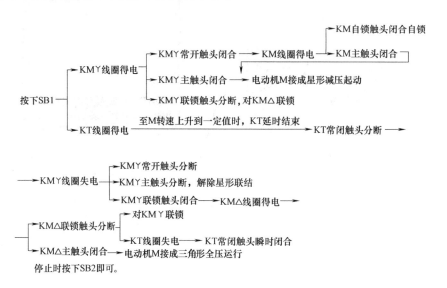

停止时按下SB2即可。

三、定子绕组串接电阻减压起动控制线路

定子绕组串接电阻减压起动是指在电动机起动时，把电阻串接在电动机定子绕组与电源之间，通过电阻的分压作用来降低定子绕组上的起动电压。待电动机起动后，再将电阻短接，使电动机在额定电压下正常运行。时间继电器实现的定子绕组串接电阻减压起动自动控制线路如图1-114所示。

定子绕组串接电阻减压起动控制线路工作原理

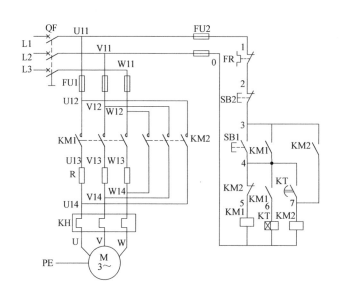

图1-114　时间继电器实现的定子绕组串接电阻减压起动控制线路

线路的工作原理如下：

合上电源开关 QF。

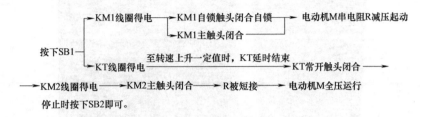

停止时按下 SB2 即可。

该线路中，KM2 的三对主触头不是直接并接在起动电阻 R 两端，而是把接触器 KM1 的主触头也并接了进去，这样接触器 KM1 和时间继电器 KT 只作短时间的减压起动用，待电动机全压运行后就全部从电路中切除，从而延长了接触器 KM1 和时间继电器 KT 的使用寿命，节省了电能，提高了电路的可靠性。

四、自耦变压器减压起动控制线路

自耦变压器减压起动是指电动机起动时利用自耦变压器来降低加在电动机定子绕组上的起动电压。待电动机起动后，再使电动机与自耦变压器脱离，从而在全压下正常运行。

图 1-115 为用自耦变压器减压起动控制线路的主电路。起动时，接触器 KM1、KM2 主触头闭合，使电动机的定子绕组接到自耦变压器的二次侧。此时加在定子绕组上的电压小于电网电压，从而减小了起动电流。等到电动机的转速升高后，接触器 KM3 主触头闭合，电动机便直接和电网相接，而自耦变压器则与电网断开，电动机全压运行。

XJ01 系列自耦减压起动箱是我国生产的自耦变压器减压起动自动控制设备，广泛用于频率为 50Hz、电压为 380V、功率为 14～300kW 的三相笼型异步电动机的减压起动。XJ01 系列自耦减压起动箱的外形及内部结构如图 1-116 所示。

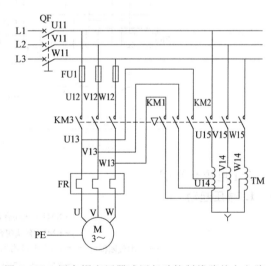

图 1-115 用自耦变压器减压起动控制线路的主电路

XJ01 系列自耦减压起动箱是由自耦变压器、交流接触器、中间继电器、热继电器、时间继电器和按钮等电器元件组成。

XJ01 型自耦减压起动箱的减压起动控制线路电气原理图如图 1-117 所示。点画线框内的按钮是异地控制按钮。整个控制线路分为三部分：主电路、控制电路和指示电路。线路的工作原理如下：合上电源开关 QF。

图 1-116 XJ01 系列自耦减压起动箱的外形及内部结构

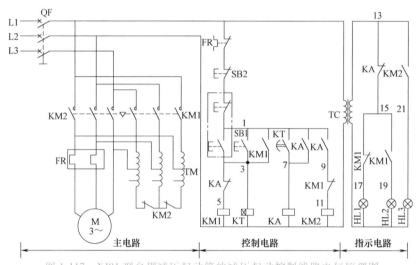

图 1-117 XJ01 型自耦减压起动箱的减压起动控制线路电气原理图

合上电源开关 QF。

1. 减压起动

2. 全压运行

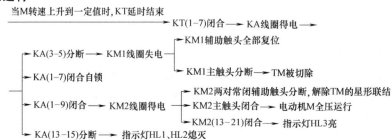

由以上分析可见，指示灯 HL1 亮，表示电源有电，电动机处于停止状态；指示灯 HL2 亮，表示电动机处于减压起动状态；指示灯 HL3 亮，表示电动机处于全压运行状态。

停止时，按下停止按钮 SB2，控制线路失电，电动机停转。

五、延边三角形减压起动控制电路

延边三角形减压起动是指电动机起动时，把定子绕组的一部分接成三角形，另一部分接成星形，使整个绕组接成延边三角形，如图 1-118a 所示。待电动机起动后，再把定子绕组改接成三角形全压运行，如图 1-118b 所示。

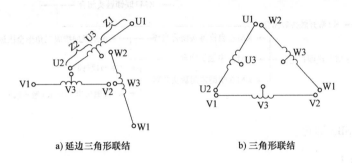

a) 延边三角形联结　　　　b) 三角形联结

图 1-118　延边三角形减压起动定子绕组接线图

延边三角形减压起动是在丫-△减压的基础上加以改进而形成的一种起动方式，它把星形和三角形两种联结方式结合起来，使电动机每相定子绕组承受的电压小于三角形联结时的相电压，而大于星形联结时的相电压，并且每相绕组电压的大小可随电动机绕组的抽头（U3、V3、W3）位置的改变而调节，从而克服了丫-△减压起动时的起动电压偏低、起动转矩偏小的缺点。采用延边三角形起动的电动机需要有 9 个出线端。

延边三角形减压起动的控制线路电气原理图如图 1-119 所示，其工作原理如下：

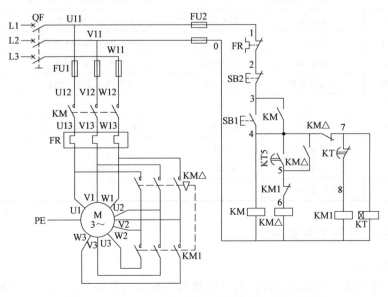

图 1-119　延边三角形减压起动控制线路电气原理图

合上电源开关 QF。

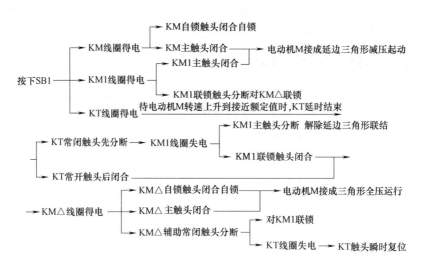

停止时按下 SB2 即可。

【任务实施】

一、使用材料、工具与仪表

1）完成本任务所需工具与仪表为：螺钉旋具、尖嘴钳、斜嘴钳、剥线钳、万用表等。

2）完成本任务所需材料明细表见表 1-21。

表 1-21 丫-△减压起动控制线路电器元件明细表

序号	代号	名称	型号	规格	数量
1	M	三相交流异步电动机	YS6324	380V,180W,0.65A,1440r/min	1
2	QF	断路器	DZ47-63	380V,25A,整定 20A	1
3	FU1	熔断器	RL1-60/25A	500V,60A,配 25A 熔体	3
4	FU2	熔断器	RT18-32	500V,配 2A 熔体	2
5	KM	交流接触器	CJX-22	线圈电压 220V,20A	3
6	SB	按钮	LA-18	5A	2
7	FR	热继电器	JR16-20/3	三相,20A,整定电流 1.55A	1
8	KT	时间继电器	JS7-2A	380V	1
9	XT	端子板	TB1510	600V,15A	1
10		电路板安装套件			1

二、安装步骤及工艺要求

1. 检测电器元件

根据表 1-21 配齐所用电器元件，其各项技术指标均应符合规定要求，目测其外观有无损坏，手动触头动作是否灵活，并用万用表进行质量检验，如不符合要求，则予以更换。

2. 根据电气原理图绘制电器元件布置图

丫-△减压起动控制线路电器元件布置图如图 1-120 所示。

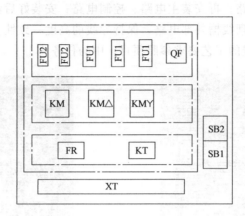

图 1-120　丫-△减压起动控制线路电器元件布置图

3. 绘制接线图

丫-△减压起动控制线路接线图如图 1-121 所示。

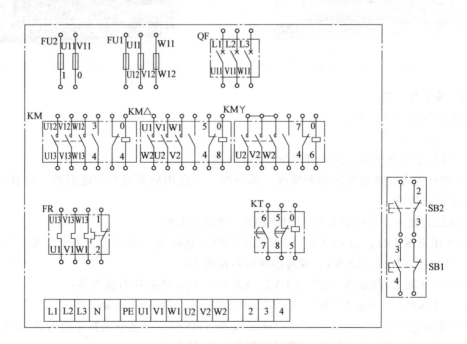

图 1-121　丫-△减压起动控制线路接线图

4. 安装电路板

（1）安装电器元件

在电路板上按图 1-120 安装电器元件和走线槽，并贴上醒目的文字符号，其排列位置、相互距离应符合要求，紧固力适当，无松动现象。工艺要求参照任务 1，实物布置图如图 1-122 所示。

（2）布线

在电路板上按照图 1-120 和图 1-121 进行板前线槽布线，并在导线两端套编码套管和冷压接线头，先安装电源电路，再安装主电路、控制电路；安装好后清理线槽内杂物，并整理导线；盖好线槽盖板，整理线槽外部电路，保持导线的高度一致性。安装完成的电路板如图 1-123 所示。板前线槽配线的工艺要求参照项目 1 中的任务 4。

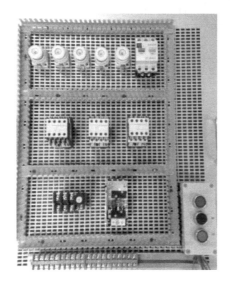

图 1-122 丫-△减压起动控制线路实物布置图

图 1-123 丫-△减压起动控制线路电路板

（3）安装电动机

具体操作可参考任务 1。

（4）通电前检测

1）对照电气原理图、接线图检查，连接无遗漏。

2）用万用表检查电路的通断情况。检查时，应选用倍率适当的电阻档，并进行校零，以防发生短路故障。

主电路的检测：万用表置于 $R \times 100\Omega$ 档，闭合开关 QF。

① 未压下 KM 时，测 L1-U1、L2-V1、L3-W1，这时指针应指示无穷大，压下 KM 后再次测量 L1-U1、L2-V1、L3-W1，这时指针应右偏指零；

② 压下 KM丫，测量 W2-U2、U2-V2、V2-W2，这时指针应右偏指零；

③ 压下 KM△，测量 U1-W2、V1-U2、W1-V2，这时指针应右偏指零。

控制电路的检测：万用表置于 $R \times 100\Omega$ 或 $R \times 1k\Omega$ 档，表笔分别置于熔断器 FU2 的 1 和 0 位置。（测 KM、KM丫、KM△、KT 线圈阻值均为 $2k\Omega$。）

① 按下 SB1，指针右偏，指示数值一般小于 $1k\Omega$，为 KM、KM丫、KT 三线圈并联直流电阻值；

② 同时按下 SB1、KM△，指针微微左偏，指示数值为 KM、KM△并联直流电阻值；

③ 同时按下 SB1、KM△、KM丫，指针继续左偏，指示数值为 KM 直流电阻值。

④ 按下 SB1、再按下 SB2，指针指示无穷大。

3）用绝缘电阻表检查电路的绝缘电阻的阻值，应不小于 $1M\Omega$。

5. 通电试车

>> **特别提示**　　　通电试车前要检查安全措施，试车时要遵守安全操作规程，出现故障时要停电检查。

为保证人身安全，在通电试车时，要认真执行安全操作规程的有关规定，一人监护，一人操作。试车前，应检查与通电试车有关的电气设备是否有不安全的因素存在，若检查出应立即整改，然后方能试车。

时间继电器的整定值，应在不通电时预先整定好。通电试车在指导教师监护下进行，根据电路图的控制要求独立测试。观察电动机有无振动及异常噪声，若出现故障及时断电查找排除。

6. 故障排查

（1）故障现象

电路空载试验工作正常（未接电动机），接上电动机试车时，电动机发出异常声音，转子左右颤动。

（2）故障检修

针对上述故障现象，可按下述检修步骤及方法进行故障排除：

1）用通电试验法观察故障现象。不接电动机，电路空载试验工作正常，表明控制线路接线没有错误。

2）用逻辑分析法缩小故障范围，并在原理图中标出故障部位的最小范围。根据故障现象，初步判断这是电动机断相，即星形起动时有一相绕组未接入电路，造成电动机单相起动，致使电动机转子左右颤动。在电路上标出可能的故障点，如图 1-124 所示。

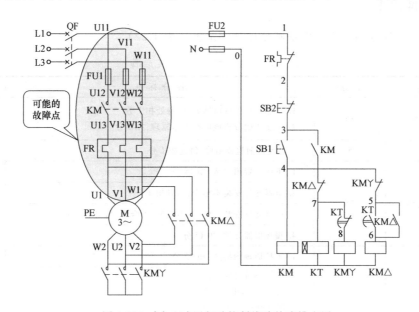

图 1-124　Ｙ-△减压起动控制线路故障排查图

3）用测量法正确、迅速地找出故障点，可以采用电阻测量法或电压测量法。建议采用电阻测量法检查接触器触头闭合是否良好，接触器及电动机端子的接线是否紧固，是否有脱落。

4）排除故障后通电试车。通电试车后，断开电源，先拆除三相电源线，再拆除电动机负载线。

7. 整理现场

整理现场工具及电器元件，清理现场，根据工作过程填写任务书，整理工作资料。

三、注意事项

1）用丫-△减压起动控制的电动机，必须有 6 个出线端子，且定子绕组在三角形联结时的额定电压等于三相电源的线电压。

2）接线时，要保证电动机三角形联结的正确性，即接触器主触头闭合时，应保证定子绕组的 U1 与 W2、V1 与 U2、W1 与 V2 相连接。

3）接触器 KM丫的进线必须从三相定子绕组的末端引入，若误将其首端引入，则在 KM丫吸合时，会产生三相电源短路事故。

4）控制板外部配线，必须按要求一律装在导线通道内，使导线有适当的机械保护，以防止液体、铁屑和灰尘的侵入。在训练时，可适当降低要求，但必须以能确保安全为条件，如采用多芯橡胶线或塑料护套软线。

5）通电校验前，要再检查一下熔体规格及时间继电器、热继电器的各整定值是否符合要求。

6）通电校验时，必须有指导教师在现场监护，学生应根据电路的控制要求独立进行校验，若出现故障也应自行排除。

7）做到安全操作和文明生产。

【任务评价】

学生完成本任务的考核评价细则见评分记录表（表 1-22）。

表 1-22 技能训练考核评分记录表

情境内容	配分	评分标准	扣分
识读电路图	15	1. 不能正确识读电器元件，每处扣 1 分 2. 不能正确分析该电路工作原理，扣 5 分	
装前检查	5	电器元件漏检或错检，每处扣 1 分	
安装电器元件	15	1. 不按布置图安装，扣 15 分	
		2. 电器元件安装不牢固，每只扣 4 分	
		3. 电器元件安装不整齐、不均匀、不合理，每只扣 3 分	
		4. 损坏电器元件，扣 15 分	
布线	30	1. 不按原理图接线，扣 25 分	
		2. 布线不符合要求： 主电路，每根扣 4 分 控制电路，每根扣 2 分	
		3. 接点不符合要求，每个接点扣 1 分	
		4. 损伤导线绝缘或线芯，每根扣 5 分	
		5. 漏装或套错编码套管，每个扣 1 分	

（续）

情境内容	配分	评分标准		扣分
通电试车	30	1. 第一次试车不成功，扣 10 分		
		2. 第二次试车不成功，扣 20 分		
		3. 第三次试车不成功，扣 30 分		
资料整理	5	任务单填写不完整，扣 2~5 分		
安全文明生产		违反安全文明生产规程，扣 2~40 分		
定额时间 2h		每超时 5min 以内以扣 3 分计算，但总扣分不超过 10 分		
备 注		除定额时间外，各情境的最高扣分不应超过配分数		
开始时间		结束时间		得分

【任务拓展】

按钮切换的 Y-△减压起动控制线路如图 1-125 所示。

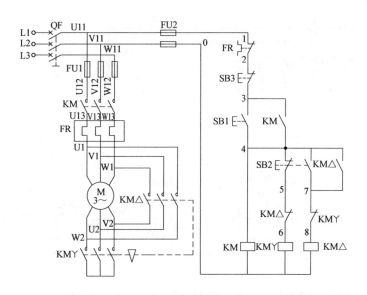

图 1-125 按钮切换的 Y-△减压起动控制线路

线路工作原理如下：合上电源开关 QF。

1. 电动机星形联结减压起动

2. 电动机形三角形联结全压运行

停止时按下 SB3 即可。

这种控制线路由起动到全压运行，需要按动两次按钮，不太方便，并且切换时间也不易准确掌握，通常采用时间继电器自动控制丫-△减压起动控制线路。

请完成上述按钮切换的丫-△减压起动控制线路的安装与调试。

【思考与练习】

1. 什么是减压起动？常见的减压起动方法有哪四种？

2. 图 1-126 是丫-△减压起动控制线路的电气原理图。请检查图中哪些地方画错了，并说明错误的原因。

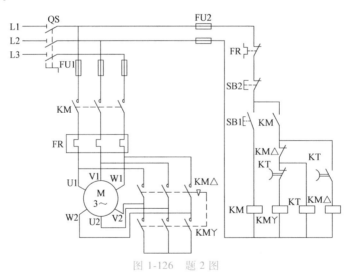

图 1-126 题 2 图

3. 分析图 1-117 所示 XJ01 型自耦减压起动箱的减压起动控制线路的工作原理。

4. 比较按钮切换的丫-△减压起动控制线路与时间继电器自动控制丫-△减压起动控制线路的不同之处。

5. 安装、调试按钮切换的丫-△减压起动控制线路。

任务7

【任务描述】

电动机断开电源以后，由于惯性作用不会马上停止转动，而是需要转动一段时间才会完全停下来。这种情况对于某些生产机械是不适宜的，如起重机的吊钩需要准确定位、万能铣床要求立即停转等。为了满足生产机械的这种要求，就需要对电动机进行制动。制动的方法一般有两类：机械制动和电力制动。

T68 型卧式镗床是一种精密加工机床，现在要为某车间中此镗床的主轴电动机安装制动控制线路，要求采用接触器-继电器控制，制动方式采用反接制动，设置短路、过载、欠电压和失电压保护，电气原理图如图 1-127 所示。电动机的额定电压为 380V，额定功率为180W，额定电流为 0.65A，额定转速为 1440r/min。完成镗床主轴电动机制动控制线路的安装、调试，并进行简单故障排查。

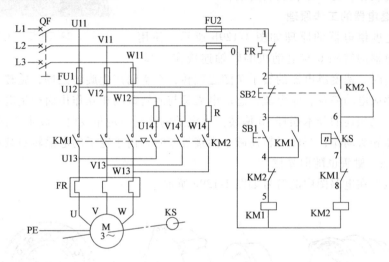

图 1-127　单向起动反接制动控制线路电气原理图

【能力目标】

1. 会正确识别、使用速度继电器，熟悉它的功能、基本结构、工作原理及型号意义，熟记它的图形符号和文字符号。

2. 会正确识读三相异步电动机电磁抱闸制动器断电制动和通电制动控制线路、单向起动能耗制动控制线路、单向起动反接制动控制线路的电气原理图，能分析它们的工作原理。

3. 会安装、调试三相异步电动机单向起动反接制动控制线路。

4. 能根据故障现象对三相异步电动机单向起动反接制动控制线路的简单故障进行排查。

【相关知识】

一、速度继电器

速度继电器是反映转速和转向的继电器，其主要作用是以旋转速度的快慢为指令信号，与接触器配合实现对电动机的反接制动控制，因此也称为反接制动继电器。

机床控制线路中常用的速度继电器有 JY1 型和 JFZ0 型。图 1-128 为 JY1 速度继电器的外形，它是利用电磁感应原理工作的感应式速度继电器，具有结构简单、工作可靠、价格低廉等特点，广泛应用于生产机械运动部件的速度控制和反接控制快速停车等。

1. 速度继电器的结构

JY1 型速度继电器的结构如图 1-129a 所示，它主要由定子、转子、可动支架、触头及端盖等组成。转子由永久磁铁制成，固定在转轴上；定子由硅钢片叠成并装有笼型短路绕组，能做小范围偏转；触头有两组，一组在转子正转时动作，另一组在反转时动作。

2. 速度继电器的工作原理

JY1 型速度继电器的原理如图 1-129b 所示。使用时，速度继电器的转轴 6 与电动机的转轴连接在一起。

图 1-128　速度继电器的外形

当电动机旋转时，速度继电器的转子 7 随之旋转，在空间产生旋转磁场，旋转磁场在定子绕组 9 上产生感应电动势及感应电流，感应电流又与旋转磁场相互作用而产生电磁转矩，使得定子 8 以及与之相连的胶木摆杆 10 偏转。当定子偏转到一定角度时，胶木摆杆 10 推动簧片 11，使继电器触头动作；当转子转速减小到接近零时，由于定子的电磁转矩减小，胶木摆杆 10 恢复原状态，触头也随即复位。

速度继电器在电路图中的符号如图 1-129c 所示。

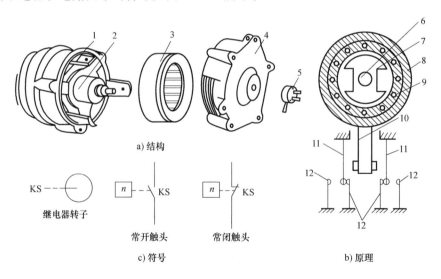

a) 结构

c) 符号

b) 原理

图 1-129　JY1 型速度继电器

1—可动支架　2—转子　3、8—定子　4—端盖　5—连接头　6—转轴　7—转子
9—定子绕组　10—胶木摆杆　11—簧片（动触头）　12—静触头

3. 速度继电器的型号含义及技术数据

速度继电器的动作转速一般不低于 $100 \sim 300 \text{r/min}$，复位转速在 100r/min 以下。常用的速度继电器中，JY1 型能在 3000r/min 以下可靠地工作。JFZ0 型的两组触头改用两个微动开关，使触头的动作速度不受定子偏转速度的影响，额定工作转速有 $300 \sim 1000 \text{r/min}$（JFZ0-1型）和 $1000 \sim 3000 \text{r/min}$（JFZ0-2 型）两种。JY1 型和 JFZ0 型速度继电器的技术数据见表 1-23。

表 1-23　JY1 型和 JFZ0 型速度继电器的技术数据

型号	触头额定电压 /V	触头额定电流 /A	触头对数		额定工作转速 /(r/min)	允许操作频率 /(次/h)
			正转动作	反转动作		
JY1			1 组转换触头	1 组转换触头	100~3000	
JFZ0-1	380	2	1 常开、1 常闭	1 常开、1 常闭	300~1000	<30
JFZ0-2			1 常开、1 常闭	1 常开、1 常闭	1000~3000	

JFZ0 型速度继电器的型号含义如图 1-130 所示。

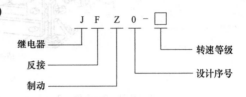

图 1-130　JFZ0 型速度继电器的型号含义

4. 速度继电器的选择与使用

（1）速度继电器的选择

速度继电器主要根据所需控制的转速大小、触头数量和电压、电流来选用。

（2）速度继电器的使用

1）速度继电器的转轴应与电动机同轴连接。

2）速度继电器安装接线时，正、反向的触头不能接错，否则不能起到反接制动时接通和断开反向电源的作用。

二、机械制动

利用机械装置使电动机断开电源后迅速停转的方法称为机械制动。机械制动常用的方法有电磁抱闸制动器制动和电磁离合器制动两种。两者的制动原理类似，控制线路也基本相同。

1. 电磁抱闸制动器

图 1-131 为常用的交流制动电磁铁与闸瓦制动器的外形，它们配合使用共同组成电磁抱闸制动器，其结构和符号如图 1-132 所示。

制动电磁铁由铁心、衔铁和线圈三部分组成。闸瓦制动器包括闸轮、闸瓦、杠杆和弹簧等部分。电磁抱闸制动器分为断电制动型和通

图 1-131　交流制动电磁铁与闸瓦制动器的外形

电制动型两种。断电制动型的工作原理是：当制动电磁铁的线圈得电时，制动器的闸瓦与闸轮分开，无制动作用；当线圈失电时，制动器的闸瓦紧紧抱住闸轮制动。通电制动型的工作原理是：当制动电磁铁的线圈得电时，闸瓦紧紧抱住闸轮制动；当线圈失电时，制动器的闸瓦与闸轮分开，无制动作用。

2. 电磁抱闸制动器断电制动控制线路

电磁抱闸制动器断电制动控制线路如图 1-133 所示。

线路工作原理如下：

（1）起动运行

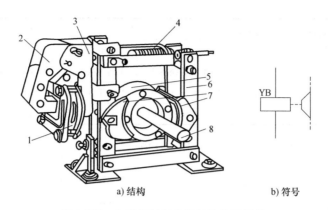

a) 结构　　　　b) 符号

图 1-132　电磁抱闸制动器的结构及符号

1—线圈　2—衔铁　3—铁心　4—弹簧　5—闸轮　6—杠杆　7—闸瓦　8—轴

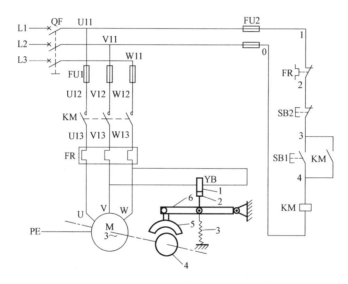

图 1-133　电磁抱闸制动器断电制动控制线路图

1—线圈　2—衔铁　3—弹簧　4—闸轮　5—闸瓦　6—杠杆

先合上电源开关 QF。按下起动按钮 SB1，接触器 KM 线圈得电，其自锁触头和主触头闭合，电动机 M 接通电源，同时电磁抱闸制动器 YB 线圈得电，衔铁与铁心吸合，衔铁克服弹簧拉力，迫使制动杠杆向上移动，从而使制动器的闸瓦与闸轮分开，电动机正常运行。

（2）制动停转

按下停止按钮 SB2，接触器 KM 线圈失电，其自锁触头和主触头分断，电动机 M 失电，同时电磁抱闸制动器 YB 线圈也失电，衔铁与铁心分开，在弹簧拉力的作用下，制动器的闸瓦紧紧抱住闸轮，使电动机被迅速制动而停转。

电磁抱闸制动器断电制动在起重机械上被广泛采用。其优点是能够准确定位，同时可防止电动机突然断电时重物自行坠落。

3. 电磁抱闸制动器通电制动控制线路

对要求电动机制动后能调整工件位置的机床设备，可采用通电制动控制线路，如图

1-134 所示。通电制动方法与上述断电制动方法稍有不同。当电动机得电运行时，电磁抱闸制动器线圈断电，闸瓦与闸轮分开，无制动作用；当电动机失电需停转时，电磁抱闸制动器的线圈得电，使闸瓦紧紧抱住闸轮制动；当电动机处于停转常态时，线圈也无电，闸瓦与闸轮分开，这样操作人员可以用手扳动主轴进行工件调整、对刀等操作。

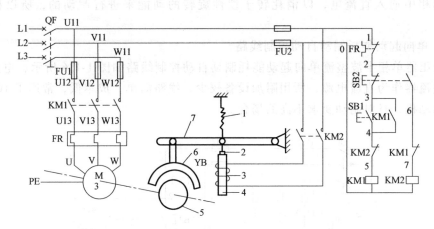

图 1-134　电磁抱闸制动器通电制动控制线路图

1—弹簧　2—衔铁　3—线圈　4—铁心　5—闸轮　6—闸瓦　7—杠杆

三、电力制动

使电动机在切断电源停转的过程中，产生一个和电动机实际旋转方向相反的电磁转矩（制动转矩），迫使电动机迅速制动停转的方法称为电力制动。电力制动常用的方法有能耗制动、反接制动和再生发电制动等。

1. 能耗制动

（1）能耗制动的原理

在图 1-135a 所示电路中，断开电源开关 QF1，切断电动机的交流电源后，这时转子仍沿原方向惯性旋转；随后立即合上开关 QF2，并将 QF1 向下合闸，电动机 V、W 两相定子绕组通入直流电，使定子中产生一个恒定的静止磁场，这样做惯性旋转的转子因切割磁感线

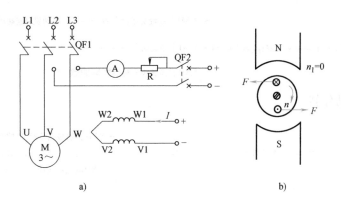

a)　　　　　　　　　b)

图 1-135　能耗制动原理

而在转子绕组中产生感应电流，其方向用右手定则判断，如图 1-135b 所示。转子绕组中一旦产生了感应电流，又立即受到静止磁场的作用，产生电磁转矩，用左手定则判断可知，此转矩的方向正好与电动机的转向相反，使电动机受制动作用，迅速停转。

由以上分析可知，这种制动方法是在电动机切断交流电源后，通过立即在定子绕组的任意两相中通入直流电，以消耗转子惯性旋转的动能来进行制动的，所以称为能耗制动。

（2）单向起动能耗制动自动控制线路

无变压器单相半波整流单向起动能耗制动自动控制线路如图 1-136 所示，电路采用单相半波整流器作为直流电源，所用附加设备较少、线路简单、成本低，常用于 10kW 以下小功率电动机，且对制动要求不高的场合。

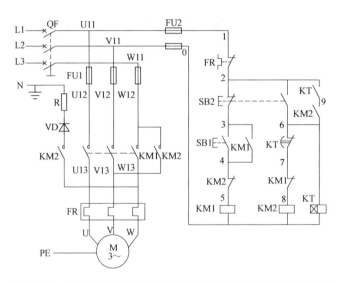

图 1-136　无变压器单相半波整流单向起动能耗制动自动控制线路

线路的工作原理如下：

先合上电源开关 QF。

1）单向起动运行

2）能耗制动停转

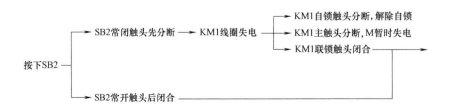

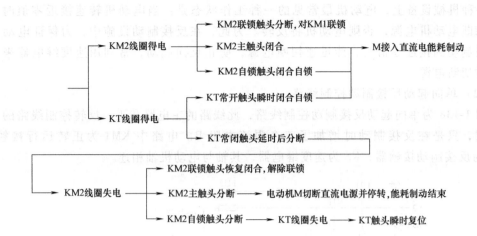

图 1-136 中 KT 瞬时闭合常开触头的作用是：当 KT 出现线圈断线或机械卡住等故障时，按下 SB2 后能使电动机制动后脱离直流电源。

2. 反接制动

（1）反接制动的原理

在图 1-137a 所示电路中，当 QF 向上投合时，电动机定子绕组电源电压相序为 L1-L2-L3，电动机将沿旋转磁场方向（图 1-137b 中的顺时针方向），以 $n<n_1$（同步转速）的转速正常运行。

当电动机需要停转时，拉下开关 QF，使电动机先脱离电源（此时转子由于惯性仍按原方向旋转）。随后，将开关 QF 迅速向下投合，由于 L1、L2 两相电源线对调，电动机定子绕组电源电压相序变为 L2-L1-L3，旋转磁场反转（图 1-137b 中的逆时针方向），此时转子将以 n_1+n 的相对转速沿原转动方向切割旋转磁场，在转子绕组中产生感应电流，用右手定则判断出其方向如图 1-137b 所示。转子绕组一旦产生电流，又受到旋转磁场的作用，会产生电磁转矩，其方向可用左手定则判断出来，如图 1-137b 所示。可见，此转矩方向与电动机的转动方向相反，使电动机受制动作用，迅速停转。

可见，反接制动是依靠改变电动机定子绕组的电源相序来产生制动转矩，迫使电动机迅速停转的。

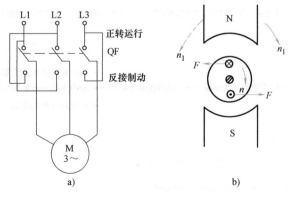

图 1-137　反接制动原理图

各种机械设备上，电动机最常见的一种工作状态是：当电动机转速接近零值时，应立即切断电动机电源，否则电动机将反转。为此，在反接制动设施中，为保证电动机的转速被制动到接近零值时，能迅速切断电源，防止反向起动，常利用速度继电器来自动地及时切断电源。

（2）单向起动反接制动控制线路

图 1-138 为单向起动反接制动控制线路，此线路的主电路和正、反转控制线路的主电路相同，只是在反接制动时增加了三个限流电阻 R。电路中 KM1 为正转运行接触器，KM2 为反接制动接触器，KS 为速度继电器，其轴与电动机轴相连。

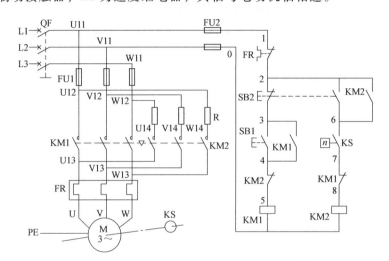

图 1-138 单向起动反接制动控制线路

线路的工作原理如下：

先合上电源开关 QF。

1）单向起动：

2）反接制动：

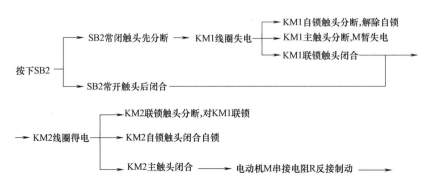

反接制动时，由于旋转磁场与转子的相对转速（n_1+n）很高，故转子绕组中感应电流很大，致使定子绕组中的电流很大，一般约为电动机额定电流的 10 倍。因此，反接制动适用于 10kW 以下小功率电动机的制动，并且对 4.5kW 以上的电动机进行反接制动时，需在定子绕组回路中串入限流电阻 R，以限制反接制动电流。

反接制动的优点是制动力强、制动迅速。缺点是制动准确性差，制动过程中冲击强烈，易损坏传动零件，制动能量消耗大，不宜经常制动。因此，反接制动一般适用于制动要求迅速、系统惯性较大、不经常起动与制动的场合，如铣床、镗床、中型车床等主轴的制动控制。

【任务实施】

一、使用材料、工具与仪表

1）完成本任务所需工具与仪表为：螺钉旋具、尖嘴钳、斜嘴钳、剥线钳、万用表等。

2）完成本任务所需材料明细表见表 1-24。

表 1-24　三相异步电动机单向起动反接制动控制线路电器元件明细表

序号	代号	名称	型号	规格	数量
1	M	三相交流异步电动机	YS6324	380V，180W，0.65A，1440r/min	1
2	QF	断路器	DZ47-63	380V，25A，整定 20A	1
3	FU1	熔断器	RL1-60/25A	500V，60A，配 25A 熔体	3
4	FU2	熔断器	RT18-32	500V，配 2A 熔体	2
5	KM	交流接触器	CJX-22	线圈电压 220V，20A	2
6	SB	按钮	LA-18	5A	3
7	FR	热继电器	JR16-20/3	三相，20A，整定电流 1.55A	1
8	KS	速度继电器	YJ1	380V、2A	1
9	XT	端子板	TB1510	600V，15A	1
10		电路板安装套件			1

二、安装步骤及工艺要求

1. 检测电器元件

根据表 1-24 配齐所用电器元件，其各项技术指标均应符合规定要求，目测其外观有无损坏，手动触头动作是否灵活，并用万用表进行质量检验，如不符合要求，则予以更换。

2. 根据原理图绘制电器元件布置图

三相异步电动机单向起动反接制动控制线路元件布置图如图 1-139 所示。实际工作中，速度继电器安装在电动机轴上，所以控制板上不安装速度继电器。

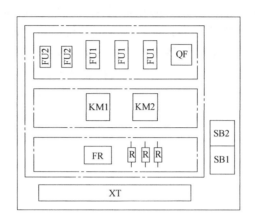

图 1-139　三相异步电动机单向起动反接制动控制线路电器元件布置图

3. 绘制接线图

三相异步电动机单向起动反接制动控制线路接线图如图 1-140 所示。

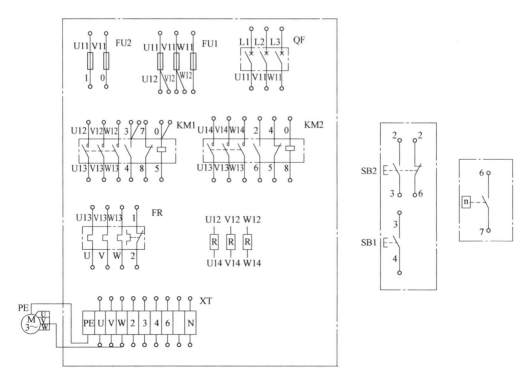

图 1-140　三相异步电动机单向起动反接制动控制线路接线图

4. 安装控制板

（1）安装电器元件

在控制板上按图 1-139 安装电器元件和走线槽，并贴上醒目的文字符号，其排列位置、相互距离应符合要求，紧固力适当，无松动现象。工艺要求参照任务 1，实物布置图如图 1-141 所示。

（2）布线　在控制板上按照图 1-137 和图 1-140 进行板前线槽布线，并在导线两端套编码套管和冷压接线头，先安装电源电路，再安装主电路、控制电路；安装好后清理线槽内杂物，并整理导线；盖好线槽盖板，整理线槽外部电路，保持导线的高度一致性。安装完成的控制板如图 1-142 所示。板前线槽配线的工艺要求参照项目 1 中的任务 4。

图 1-141　三相异步电动机单向起动
反接制动控制线路实物布置图

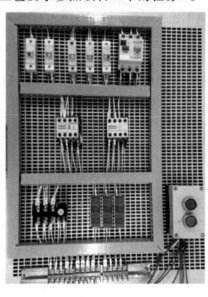

图 1-142　三相异步电动机单向起动反
接制动控制线路控制板

（3）安装电动机

具体操作可参考任务 1。

（4）通电前检测

1）对照电气原理图、接线图检查，连接无遗漏。

2）万用表检测：确保电源切断情况下，分别测量主电路、控制电路，通断是否正常。

① 未压下 KM1、KM2 时测 L1-U、L2-V、L3-W，压下 KM1 后再次测量 L1-U、L2-V、L3-W，压下 KM2 后再次测量 L1-W、L2-V、L3-U；

② 未压下起动按钮 SB1 时，测量控制电路电源两端（U11-V11）；

③ 压下起动按钮 SB1 后，测量控制电路电源两端（U11-V11）。

5. 通电试车

>> **特别提示**　通电试车前要检查安全措施，试车时要遵守安全操作规程，出现故障时要停电检查。

为保证人身安全，在通电试车时，要认真执行安全操作规程的有关规定，一人监护，一人操作。试车前，应检查与通电试车有关的电气设备是否有不安全的因素存在，若检查出应立即整改，然后方能试车。

热继电器的整定值，应在不通电时预先整定好，并在试车时校正，检查熔体规格是否符合要求。在指导教师监护下进行，根据电路图的控制要求独立测试。观察电动机有无振动及异常噪声，若出现故障及时断电查找排除。

6. 故障排查

（1）故障现象

接通电源，合上断路器，按下起动按钮，电动机可以正常运行，按下反接制动按钮，电动机不能迅速停止。

（2）故障检修

1）用通电试验法观察故障现象。按下起动按钮，电动机可以正常运行，按下反接制动按钮，电动机不能迅速停止，表明反接制动控制电路或主电路中的 KM2 主触头有故障。

2）用逻辑分析法缩小故障范围，并在电路图中标出故障部位的最小范围，如图 1-143 所示。

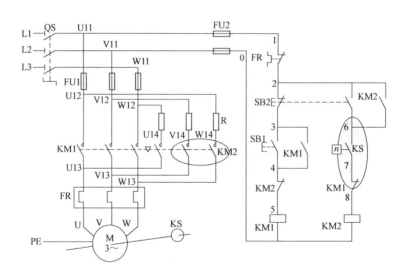

图 1-143   三相异步电动机单向起动反接制动控制线路故障排查图

3）用测量法准确、迅速地找出故障点，可以采用电阻测量法或电压测量法。本处建议采用电阻测量法，注意断开电源电路。

4）排除故障后通电试车。通电试车后，断开电源，先拆除三相电源线，再拆除电动机负载线。

7. 整理现场

整理现场工具及电器元件，清理现场，根据工作过程填写任务书，整理工作资料。

三、注意事项

1）安装速度继电器前，要弄清楚其结构，辨明常开触头的接线端。

2）安装时，采用速度继电器的连接头与电动机转轴直接连接的方法，并使两轴中心线重合。

3）通电试车时，若制动不正常，可检查速度继电器是否符合规定要求。若需调节速度继电器的调整螺钉时，必须切断电源，以防止出现相对地短路事故。

4）速度继电器动作值和返回值的调整，应先由教师示范后，再由学生自己调整。

5）制动操作不宜过于频繁。

6）通电试车时，必须有指导教师在现场监护，同时做到安全文明生产。

【任务评价】

学生完成本任务的考核评价细则见评分记录表（表1-25）。

表1-25　技能训练考核评分记录表

情境内容	配分	评　分　标　准		扣分
识读电路图	15	1. 不能正确识读电器元件，每处扣1分 2. 不能正确分析该电路工作原理，扣5分		
装前检查	5	电器元件漏检或错检，每处扣1分		
安装电器元件	15	1. 不按布置图安装，扣15分		
		2. 电器元件安装不牢固，每只扣4分		
		3. 电器元件安装不整齐、不均匀、不合理，每只扣3分		
		4. 损坏电器元件，扣15分		
布线	30	1. 不按原理图接线，扣25分		
		2. 布线不符合要求： 主电路，每根扣4分 控制电路，每根扣2分		
		3. 接点不符合要求，每个接点扣1分		
		4. 损伤导线绝缘或线芯，每根扣5分		
		5. 漏装或套错编码套管，每个扣1分		
通电试车	30	1. 第一次试车不成功，扣10分		
		2. 第二次试车不成功，扣20分		
		3. 第三次试车不成功，扣30分		
资料整理	5	任务单填写不完整，扣2~5分		
安全文明生产		违反安全文明生产规程，扣2~40分		
定额时间2h		每超时5min以内以扣3分计算，但总扣分不超过10分		
备　注		除定额时间外，各情境的最高扣分不应超过配分数		
开始时间		结束时间	得分	

【任务拓展】

双向起动反接制动控制线路如图 1-144 所示。

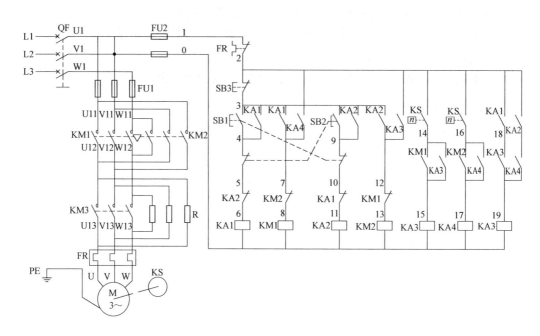

图 1-144 三相异步电动机双向起动反接制动控制线路

线路工作原理如下：首先闭合电源开关 QF。

1. 正转

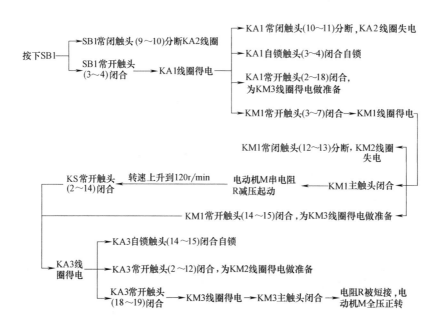

2. 正转停止制动

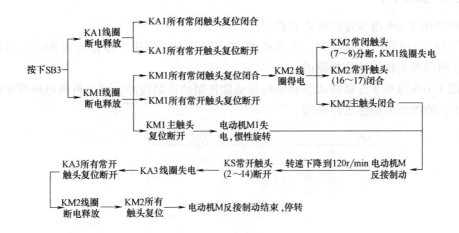

3. 反转

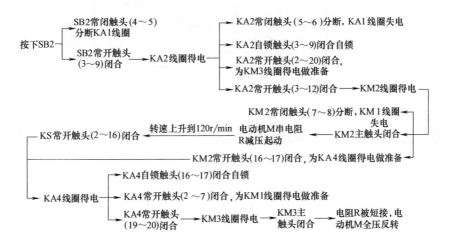

4. 反转停止制动

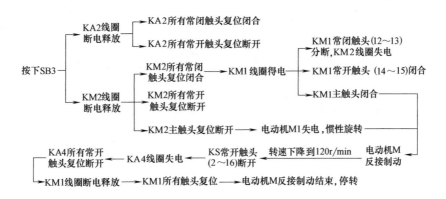

请完成上述双向起动反接制动控制线路的安装与调试。

【思考与练习】

1. 试将图 1-136 改成速度继电器控制。

2. 如图 1-144 所示,试车时,电动机 M 在正转状态,当按下停止按钮 SB3 后电动机不制动停止而仍然正转,试分析原因。

3. 图 1-145 为有变压器桥式整流单向起动能耗制动控制线路。试分析该电路图中哪些地方画错了,请改正后叙述工作原理。

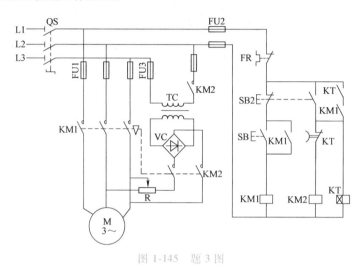

图 1-145 题 3 图

4. 安装、调试双向起动反接制动控制线路。

项目2

安装与检修双速异步电动机控制线路

一般三相异步电动机只有一种转速，机械部件如机床主轴的转速调整是由减速器来实现的。但在有些机床（如图 2-1 所示镗床）的主轴中，为了得到更宽的调速范围，就采用双速异步电动机作为主轴电动机来传动，这样就可以减小减速器的复杂性。

双速异步电动机控制线路有按钮接触器控制的双速电动机控制线路、时间继电器控制的双速电动机控制线路。本项目将认识双速异步电动机，理解它的变速原理，学习双速异步电动机控制线路的工作原理，学会安装、调试和检修双速电动机控制线路。

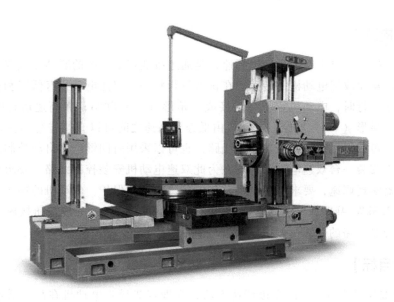

图 2-1　镗床的外形

学 习 目 标

知识与技能目标

1. 熟悉电动机变极调速的原理。
2. 掌握多速异步电动机绕组的连接方法及工作原理。
3. 能识读双速异步电动机控制线路电气原理图。
4. 能独立完成双速异步电动机控制线路的安装与调试。
5. 会正确处理安装、调试过程中出现的故障。

学习能力与素质目标

1. 具备阅读与本项目相关电路电气原理图的能力。
2. 具备查阅手册等工具书和设备铭牌、产品说明书、产品目录等资料的能力。
3. 激发学习兴趣和探索精神，掌握正确的学习方法。
4. 在实践中，培养学生的安全操作意识，以及做好本职工作的职业精神。
5. 培养学生的自学能力，与人沟通能力。
6. 培养学生的团队合作精神，形成优良的协作能力和动手能力。

任务 1

【任务描述】

双速电动机属于异步电动机变极调速，是通过改变定子绕组的联结方式改变定子旋转磁场磁极对数，从而改变电动机的转速。在正常运行状态，双速电动机有低速和高速两种运行状态。在低速运行时，电动机定子绕组接成三角形（△）联结；在高速运行时，电动机定子绕组接成双星形（YY）联结。电动机由低速到高速之间可以直接进行切换，为了实现这种切换方式，可以采用按钮接触器控制线路，也可以采用时间继电器自动控制线路。

某车间需安装一台双速电动机，现在为此双速电动机安装控制线路，要求双速电动机通过按钮接触器实现调速，要求设置短路、欠电压、失电压保护。电动机的额定电压为380V、额定功率为3.3kW/4kW、额定转速为1420r/min 或2860r/min。完成按钮接触器控制的上述双速电动机控制线路的安装、调试，并进行简单故障排查。

【能力目标】

1. 认识双速异步电动机的变极调速方法，掌握双速异步电动机在高、低速时定子绕组的接线图。
2. 正确识读按钮接触器控制的双速电动机控制线路电气原理图，会分析其工作原理。
3. 能根据按钮接触器控制的双速电动机控制线路电气原理图安装、调试线路。
4. 能根据故障现象对按钮接触器控制的双速电动机控制线路的简单故障进行排查。

【相关知识】

一、认识双速异步电动机

由三相异步电动机的转速公式 $n=\dfrac{60f}{p}(1-s)$ 可知，改变异步电动机转速可以通过三种方法来实现：一是改变电源频率 f；二是改变转差率 s；三是改变电动机磁极对数 p。

异步电动机的同步转速与磁极对数成反比，磁极对数增加一倍，同步转速 n_1 下降至原来转速的一半，电动机额定转速 n 也将下降近一半，所以改变磁极对数可以达到改变电动机转速的目的。

双速电动机主要用于要求随负载的性质逐级调速的各种传动机械，主要应用于煤矿、石油天然气、石油化工和化学工业。此外，在纺织、冶金、城市煤气、交通、粮油加工、造纸、医药等部门也被广泛应用。

1. 变极调速原理

改变三相异步电动机的磁极对数的调速方式称为变极调速。变极调速是通过改变定子绕组的联结方式来实现的，它是有级调速，且只适用于笼型异步电动机。凡磁极对数可改变的电动机称为多速电动机，常见的多速电动机有双速、三速、四速等几种类型。下面介绍双速异步电动机的变极原理。

单绕组双速异步电动机的变极方法有反向法、换相法、变跨距法等，其中以反向法应用得最普遍。下面以 2/4 极双速异步电动机来说明反向变极的原理。我们假设电动机定子每相有两组线圈，每组线圈用一个集中绕组线圈来代表。如果把定子绕组 U 相的两组线圈 1U1-1U2 和 2U1-2U2 反向并联，如图 2-2 所示（图中只画 U 相的两组），则气隙中将形成两极磁场；若把两组线圈正向串联，使其中一组线圈的电流反向，则气隙中将形成四极磁场，如图 2-3 所示。

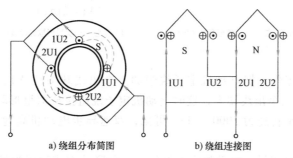

a) 绕组分布简图　　　　b) 绕组连接图

图 2-2　$p=1$ 时的一相绕组连接

由此可见，欲使极对数改变一倍，只要改变定子绕组的接线方式，使其中一半绕组中的电流反向即可实现。

2. 双速异步电动机定子绕组的连接

双速异步电动机的外形如图 2-4 所示。

图 2-5 为双速异步电动机三相定子绕组的 △-丫丫 接线图，图中电动机的三相定子绕组接成三角形，三个绕组的三个连接点接出三个出线端 U1、V1、W1，每相绕组的中点各接出一

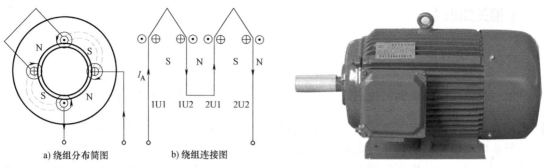

图 2-3 $p=2$ 时的一相绕组连接

图 2-4 双速异步电动机的外形

个出线端 U2、V2、W2，共有六个出线端。改变这六个出线端与电源的连接方法就可得到两种不同的转速。要使电动机低速工作时，只需将三相电源接至电动机定子绕组三角形联结顶点的出线端 U1、V1、W1 上，其余三个出线端 U2、V2、W2 悬空，此时电动机定子绕组接成三角形，如图 2-5a 所示，极数为 4 极，同步转速为 1500r/min。

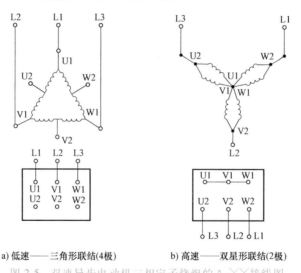

a) 低速——三角形联结(4极)   b) 高速——双星形联结(2极)

图 2-5 双速异步电动机三相定子绕组的 △-丫丫接线图

若要电动机高速工作，把电动机定子绕组的三个出线端 U1、V1、W1 连接在一起，电源接到 U2、V2、W2 三个出线端上，这时电动机定子绕组接成双星形联结，如图 2-5b 所示，此时极数为 2 极，同步转速为 3000r/min。可见，双速异步电动机高速运行时的转速是低速运行时转速的两倍。

值得注意的是，双速异步电动机定子绕组从一种联结方式改变为另一种联结方式时，必须把电源相序反接，以保证电动机的旋转方向不变。

二、按钮接触器控制双速电动机控制线路

图 2-6 所示为按钮接触器控制双速异步电动机控制线路电气原理图。主电路中，当接触器 KM1 吸合，KM2、KM3 断开时，三相电源从接线端 U1、V1、W1 进入双速异步电动机 M 绕组中，双速异步电动机 M 绕组接成三角形联结低速运行；而当接触器 KM1 断开，KM2、KM3 吸合时，三相电源从接线端 U2、V2、W2 进入双速异步电动机 M 绕组中，双速异步电

动机 M 绕组接成双星形联结高速运行。即 SB1、KM1 控制双速电动机 M 低速运行，SB2、KM2、KM3 控制双速电动机 M 高速运行。

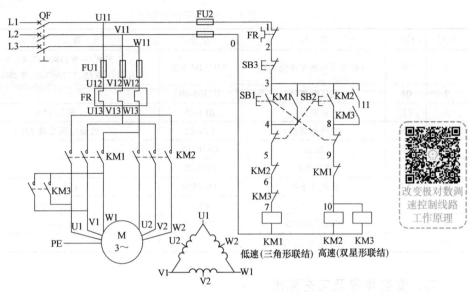

图 2-6　按钮接触器控制双速异步电动机控制线路电气原理图

电路工作原理如下（先合上电源开关 QF）：

1. 三角形联结低速起动运行

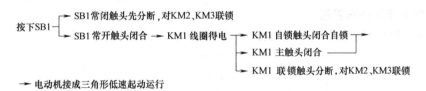

2. 双星形联结高速起动运行

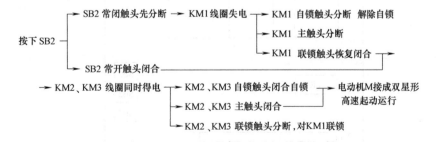

3. 停止

停车时按下停止按钮 SB3 即可。

【任务实施】

一、使用材料工具与仪表

1. 完成本任务所需的工具和仪表为：测电笔、螺钉旋具、尖嘴钳、斜嘴钳、剥线钳、万用表、钳形电流表等。

2. 完成本任务所需电器元件明细表见表2-1。

表2-1 电器元件明细表

序号	代号	名 称	型 号	规 格	数量
1	M	三相笼型双速异步电动机	YD112M-4/2	3.3kW/4kW、380V、7.4A/8.6A △-丫丫联结、1420r/min 或 2860r/min	1
2	QF	低压断路器	DZ108-20		1
3	FU	熔断器	RL1-15	熔体15A	5
4	KM	交流接触器	CJX-22	线圈电压交流380V	3
5	SB	按钮	LA10-3A		1
6	FR	热继电器	JR36-20		2
7	XT	接线端子排	TB-1520	15A,20位	1
8		单芯铝线	BLV	2.5mm^2	20
9		多股铜芯软线	RV0.5	0.5mm^2	5
10		紧固螺钉、螺母			若干

二、安装步骤及工艺要求

1. 检测电器元件

根据表2-1配齐所用电器元件,其各项技术指标均应符合规定要求,目测其外观无损坏,手动触头动作灵活,并用万用表进行质量检验,如不符合要求,则予以更换。

2. 绘制电器元件布置图

按钮接触器控制双速异步电动机控制线路电器元件布置图如图2-7所示。

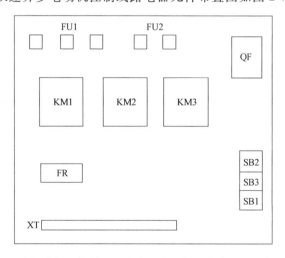

图2-7 按钮接触器控制双速异步电动机控制线路电器元件布置图

3. 绘制接线图

按钮接触器控制双速异步电动机控制线路接线图如图2-8所示。

4. 安装控制板

(1)安装电器元件

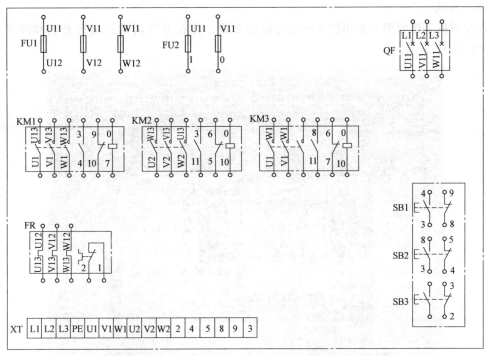

图 2-8　按钮接触器控制双速异步电动机控制线路接线图

　　在控制板上按图 2-7 安装电器元件，并贴上醒目的文字符号，其排列位置、相互距离应符合要求，紧固力适当，无松动现象。实物布置图如图 2-9 所示。

图 2-9　按钮接触器控制双速异步电动机控制线路电器元件实物布置图

（2）布线

在控制板上按照图 2-8 和图 2-9 进行板前布线，并在导线两端套编码套管和冷压接线头，如图 2-10 所示。

图 2-10 按钮接触器控制双速异步电动机控制线路完成图

（3）通电前检测

1）对照电气原理图、接线图检查，连接应无遗漏。

2）用电阻测量法，配合手动方式操作电器元件得电动作进行检查。在检查过程中，注意万用表指示电阻值的变化，通过电阻值的变化分析、判断接线的正确性。

① 把万用表的两支表笔放在控制电路的熔断器 FU2 上，万用表显示的电阻值为无穷大，说明控制回路无短路或短接；

② 按下低速起动按钮 SB1，接通的是 KM1 线圈，此时测得的电阻值为 KM1 线圈的直流电阻值；

③ 在②的基础上，按下停止按钮 SB3，断开 KM1 线圈，此时电阻值又显示无穷大；

④ 按下高速起动按钮 SB2，此时接通的是 KM2 和 KM3 线圈并联后的直流电阻值；

⑤ 在④的基础上，按下停止按钮 SB3，断开 KM2 和 KM3 线圈，此时电阻值为无穷大；

⑥ 使 KM1 动作，此时接通的是 KM1 线圈，测得的电阻值为 KM1 线圈的直流电阻值；

⑦ 同时使 KM2 和 KM3 动作，此时接通的是 KM2 和 KM3 线圈，测得的电阻值为 KM2 和 KM3 线圈并联后的直流电阻值。

5. 通电调试

>> **特别提示** 通电试车前要检查安全措施，试车时要遵守安全操作规程，出现故障时要停电检查。

按 0.95~1.05 倍电动机额定电流调整热继电器整定电流，检查熔体规格是否符合要求。在指导教师监护下进行，根据电路图的控制要求独立测试。观察电动机有无振动及异常噪声，若出现故障及时断电查找排除。通电试车后，断开电源，先拆除三相电源线，再拆除电动机负载线。

>> **注意**　双速异步电动机的控制线路中存在高、低速转换同向的问题，即电动机在低速运行时，如果转向是正转（逆时针方向旋转），而在转换为高速时为反转（顺时针方向旋转），这就说明双速异步电动机在高、低速转换时不同向，解决这种问题的方法是将双速异步电动机 M 的接线端 U1、V1、W1 或 U2、V2、W2 中的任意两相调换即可。

6. 故障排查

故障现象：合上电源开关，按低速起动按钮 SB1、或高速起动按钮 SB2，电路均无法起动。故障分析如图 2-11 所示。

1）用通电试验法观察故障现象。

2）用逻辑分析法缩小故障范围，并在电路图中标出故障部位的最小范围。问题出在电源进线端（L1、L2）至 FU2 出线端（0、1）或控制电路（FR、SB3）。

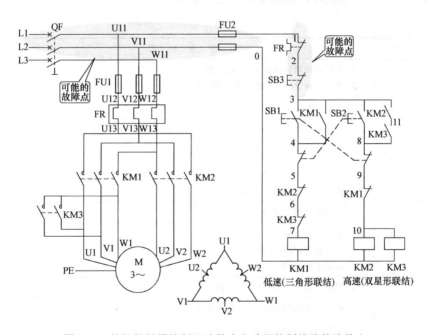

图 2-11　按钮接触器控制双速异步电动机控制线路故障排查

3）用测量法正确、迅速地找出故障点，可以采用电阻测量法或电压测量法。本任务建议采用电阻测量法，注意断开电源电路。检查断路器 QF 的触头闭合是否良好，熔断器 FU2 是否完好，FR 的常闭触头、停止按钮 SB1 的触头是否良好。各触头是否有松动、断线等情况出现。

4）排除故障后通电试车。通电试车后，断开电源，先拆除三相电源线，再拆除电动机负载线。

7. 整理现场

整理现场工具及电器元件，清理现场，根据工作过程填写任务书，整理工作资料。

三、注意事项

1）接线时，注意主电路中接触器 KM1、KM2 在两种转速下电源相序的改变，不能接错，否则，两种转速下的电动机转向相反，换向时将产生很大的冲击电流。

2）控制双速异步电动机三角形联结的接触器 KM1 和双星形联结的 KM2 的主触头不能调换接线，否则不但无法实现双速控制要求，而且会在双星形运行时造成电源短路事故。

3）控制板外配线必须用套管加以防护，以确保安全。

4）电动机、按钮等金属外壳必须保护接地。

5）通电试车、调试及检修时，必须在指导教师的监护和允许下进行。

6）当电动机运行平稳后，用钳形电流表测量电动机三相电路电流是否平衡。

7）要做到安全操作和文明生产。

【任务评价】

学生完成本任务的考核评价细则见评分记录表 2-2。

表 2-2　技能训练考核评分记录表

情境内容	配分	评 分 标 准		扣分
识读电路图	15	1. 不能正确识读电器元件，每处扣 1 分 2. 不能正确分析该电路工作原理，扣 5 分		
装前检查	5	电器元件漏检或错检，每处扣 1 分		
安装电器元件	15	1. 不按布置图安装，扣 15 分		
		2. 电器元件安装不牢固，每只扣 4 分		
		3. 电器元件安装不整齐、不均匀、不合理，每只扣 3 分		
		4. 损坏电器元件，扣 15 分		
布线	30	1. 不按电路图接线，扣 25 分		
		2. 布线不符合要求： 主电路，每根扣 4 分 控制电路，每根扣 2 分		
		3. 接点不符合要求，每个接点扣 1 分		
		4. 损伤导线绝缘或线芯，每根扣 5 分		
		5. 漏装或套错编码套管，每个扣 1 分		
通电试车	30	1. 第一次试车不成功，扣 10 分		
		2. 第二次试车不成功，扣 20 分		
		3. 第三次试车不成功，扣 30 分		
资料整理	5	任务单填写不完整，扣 2~5 分		
安全文明生产		违反安全文明生产规程，扣 2~40 分		
定额时间 2h		每超时 5min 以内以扣 3 分计算，但总扣分不超过 10 分		
备　注		除定额时间外，各情境的最高扣分不应超过配分数		
开始时间		结束时间		得分

【任务拓展】

一、三速异步电动机控制线路

1. 三速异步电动机定子绕组的连接

三速异步电动机有两套定子绕组，分两层安放在定子槽内，两套定子绕组共有 10 个出线端，改变这 10 个出线端与电源的连接方式，就可得到三种不同的转速。三速异步电动机定子绕组的联结方式如图 2-12 所示。

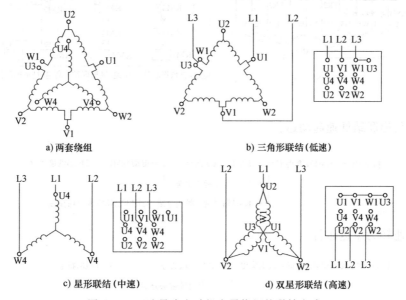

a) 两套绕组　　　　b) 三角形联结(低速)

c) 星形联结(中速)　　　　d) 双星形联结(高速)

图 2-12　三速异步电动机定子绕组的联结方式

第一套绕组（双速）有七个出线端：U1、V1、W1、U3、U2、V2、W2，可作三角形或双星形联结。要使电动机低速运行，只需将三相电源接线接至 U1、V1、W1，并将 W1 和 U3 出线端接在一起，其余六个出线端空着不接，如图 2-12b 所示，则电动机定子绕组接成三角形低速运行。若将三相电源接至 U2、V2、W2 出线端，将 U1、V1、W1 和 U3 接在一起，其余三个出线端空着不接，如图 2-12d 所示，则电动机定子绕组接成双星形高速运行。

第二套绕组（单速）有三个出线端 U4、V4、W4，只作星形联结。若将三相电源接至 U4、V4、W4 的出线端，并将其余七个出线端悬空，如图 2-12c 所示，则电动机定子绕组接成星形以中速运转。

图中 W1 和 U3 出线端分开的目的是当电动机定子绕组接成星形中速运行时，不会在三角形的定子绕组中产生感应电流。

2. 接触器控制三速异步电动机的控制线路

接触器控制三速异步电动机的控制线路电气原理图如图 2-13 所示。

电路工作原理如下（先合上电源开关 QF）：

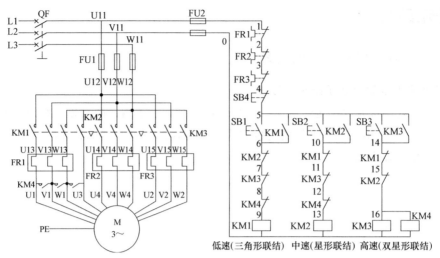

图 2-13　接触器控制三速异步电动机控制线路电气原理图

（1）三角形联结低速起动运行

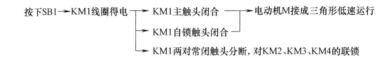

（2）低速转为中速运行

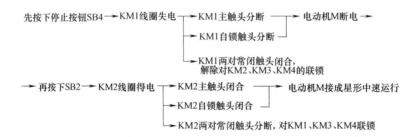

（3）中速转为高速运行

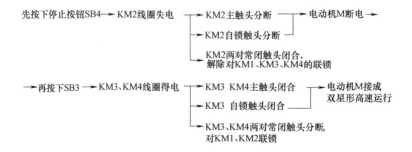

（4）停止

停止时按下停止按钮 SB4 即可。

该控制线路的缺点是在进行速度转换时，必须先按下停止按钮 SB4 后，才能再按下相应的起动按钮进行变速，所以操作不方便。

请完成上述电路的安装与调试。

【思考与练习】

1. 三相异步电动机的调速方法有哪三种？笼型异步电动机的变极调速是如何实现的？

2. 双速异步电动机的定子绕组共有几个出线端？分别画出双速异步电动机在低、高速时定子绕组的接线图。

任务 2　　安装与检修时间继电器控制的双速异步电动机控制线路

【任务描述】

要实现双速异步电动机的高速运行，其控制过程要求必须先是以三角形联结低速运行，待转速基本达到低速运行的额定转速后，再切换到双星形联结高速运行。其切换方式，可以采用按钮接触器控制线路，也可以采用时间继电器自动控制线路。由于采用按钮接触器控制线路从双速异步电动机起动到高速运行需分别按低速起动按钮和高速起动按钮，操作较麻烦，且切换时间也不易掌握，故在生产实际中往往广泛使用由时间继电器控制的双速异步电动机控制线路。

某车间需安装一台双速异步电动机，现在为此双速异步电动机安装控制线路，要求双速异步电动机能够实现自动换速，要求设置短路、欠电压、失电压保护。电动机的额定电压为380V、额定功率为 3.3kW/4kW、额定转速为 1420r/min 或 2860r/min。完成上述双速异步电动机控制线路的安装、调试，并进行简单故障排查。

【能力目标】

1. 了解电动机转速测量的方法。

2. 正确识读时间继电器控制的双速异步电动机控制线路电气原理图，会分析其工作原理。

3. 能根据时间继电器控制的双速异步电动机控制线路电气原理图安装、调试电路。

4. 能根据故障现象对时间继电器控制的双速异步电动机控制线路的简单故障进行排查。

【相关知识】

一、电动机转速的测量

电动机转速的测量，最简单的方法就是用手持式转速表进行测量。胜利牌 DM6236P 型非接触/接触式数字转速表的外形如图 2-14 所示。

下面以胜利牌 DM6236P 型非接触/接触式数字转速表为例，介绍用手持式转速表测量电动机转速的方法。

1. 特性

该转速表采用微机技术、光电技术、抗干扰技术等多项先进技术，能准确地测量出转速值；测量范围广，分辨率高；采用超大液晶屏幕显示，读数清晰、无视差；能自动记忆测量的最大值、最小值及最后一个显示值；当电池电压低于规定值时，自动指示；结构精致、坚固耐用。

图 2-14　胜利牌 DM6236P 型非接触/接触式数字转速表的外形

2. 技术指标

显示器：5 位 16mm（0.7in）液晶显示屏

准确度：±(0.05%+1)　表示为±（读数的%+最低有效数位）

采样时间：1.0s（60r/min 以上）

量程选择：自动切换

时基：　　6MHz 石英晶体振荡器

有效距离：50~500mm

尺寸：　　180mm×72mm×37mm

电源：　　3×1.5V size 电池

电源消耗：约 40mA

重量：　　约 200g（包括电池）

测试范围：2.5~99999r/min 光电转速方式

　　　　　0.5~19999r/min 接触转速方式

分辨力：

光电转速方式：

0.1r/min　　（2.5~999.99r/min）

1r/min　　　（1000r/min 以上）

接触转速方式：

0.1r/min　　（0.5~999.99r/min）

1r/min　　　（1000r/min 以上）

3. 操作说明

（1）光电转速方式

1）向待测物体上贴一个反射标志。

2）将功能选择开关拨至 rpm photo 档，如果已安装了接触配件应取下。（注：两用型转速表。）

3）装好电池后按下测试（TEST）按钮，使可见光束与被测目标成一条直线。

4）待显示值稳定后，释放测试（TEST）按钮。此时无任何显示，但测量结果的最大值、最小值和最后一个显示值均自动存储在仪表中。

5）按下记忆（MEM）键，即可显示出最大值、最小值及最后测量值。

6）测量结束。

（2）接触转速方式

1）将开关拨至接触转速档-rpm（接触式）/ - rpm contact(两用型转速表)，安装好接触配件。

2）将接触橡胶头与被测物靠紧并与被测物同步转动。

3）按下测试（TEST）按钮开始测量，待显示值稳定后释放测试（TEST）按钮，测量值自动存储。

4）按下记忆（MEM）键，即可显示出最大值、最小值及最后测量值。

5）测量结束。

（3）测量注意事项

1）反射标志：剪下12mm的方形黏带，并在每个旋转轴上贴一块。应注意非反射面积必须比反射面积要大；如果转轴明显反光，则必须先涂黑漆或黑胶布，再在上面贴上反射标志；在贴上反射标志之前，转轴表面必须干净、平滑。

2）低转速测量：为提高测量精度，在测量很低的转速时，建议用户在被测物体上均匀地多贴上几块反射标志，此时显示器上的读数除以反射标志数目即可得到实际的转速值。

3）如果在很长一段时间内不使用该仪表，应将电池取出，以防损坏仪表。

（4）记忆功能说明

当释放测量按钮时，显示器无任何显示，但测量期间的最大值、最小值及最后一个测量值都自动存储在仪表中。无论何时，只要按下记忆按钮，测量值就显示出来，先显示数字，后显示出英文符号，交替显示。其中"UP"代表最大值，"dn"代表最小值，"LA"代表最后一个值。每按一次记忆按钮，就显示另一个记忆值。

（5）更换电池

1）当电池电压约3.9V时，显示器右边将出现"🔋"符号，需要更换电池。

2）打开电池盖，取出电池。

3）依照电池盒上标签所示，正确地装上电池。

二、时间继电器控制的双速异步电动机控制线路

时间继电器控制的双速异步电动机控制线路电路原理图如图2-15所示。

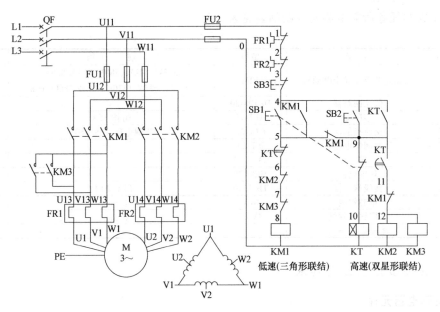

图2-15 时间继电器控制的双速异步电动机控制线路电气原理图

电路工作原理如下（先合上电源开关 QF）：

1. 三角形联结低速起动运行

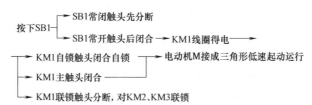

2. 双星形联结高速起动运行

3. 停止

停车时按下停止按钮 SB3 即可。

若电动机只需高速起动，可直接按下 SB2，则电动机定子绕组先以三角形联结低速起动，经时间继电器 KT 延时后，再将电动机定子绕组以双星形联结高速运行。

【任务实施】

一、准备工具、仪表及器材

1）完成本任务所需的工具和仪表为：测电笔、螺钉旋具、尖嘴钳、斜嘴钳、剥线钳、万用表、钳形电流表等。

2）完成本任务所需电器元件明细表见表 2-3。

表 2-3　电器元件明细表

序号	代号	名　　称	型　号	规　　格	数量
1	M	三相笼型双速异步电动机	YD112M-4/2	3.3kW/4kW、380V、7.4A/8.6A △-ΥΥ联结、1420r/min 或 2860r/min	1
2	QF	低压断路器	DZ108-20		1
3	FU	熔断器	RL1-15	熔体 15A	5
4	KM	交流接触器	CJX-22	线圈电压交流 380V	3
5	KT	时间继电器	JS7-2A		1
6	SB	按钮	LA10-3A		3
7	FR	热继电器	JR36-20		2
8	XT	接线端子排	TB-1520	15A，20 位	1
9		单芯铝线	BLV	2.5mm²	20
10		多股铜芯软线	RV0.5	0.5mm²	5
11		紧固螺钉、螺母			若干

二、安装步骤及工艺要求

1. 检测电器元件

根据表 2-3 配齐所用电器元件，其各项技术指标均应符合规定要求，目测其外观无损坏，手动触头动作灵活，并用万用表进行质量检验，如不符合要求，则予以更换。

2. 绘制电器元件布置图

时间继电器控制的双速异步电动机控制线路电器元件布置图如图 2-16 所示。

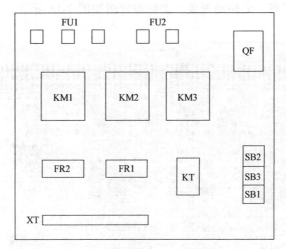

图 2-16　时间继电器控制的双速异步
电动机控制线路电器元件布置图

3. 绘制接线图

时间继电器控制的双速异步电动机控制线路接线图如图 2-17 所示。

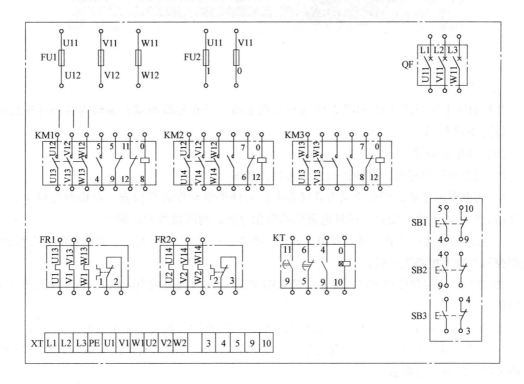

图 2-17　时间继电器控制的双速电动机控制线路接线图

4. 安装控制板

（1）安装电器元件

在控制板上按图 2-16 安装电器元件，并贴上醒目的文字符号，其排列位置、相互距离应符合要求，紧固力适当，无松动现象。实物布置图如图 2-18 所示。

图 2-18　时间继电器控制的双速异步电动机控制线路电器元件实物布置图

（2）布线

在控制板上按照图 2-15 和图 2-17 进行板前布线，并在导线两端套编码套管和冷压接线头，如图 2-19 所示。

（3）通电前检测

1）对照电气原理图、接线图检查，连接无遗漏。

2）用电阻测量法，配合手动方式操作电器元件得电动作进行检查。在检查过程中，注意万用表指示电阻值的变化，通过电阻值的变化分析，判断接线的正确性。

① 把万用表的两支表笔放在控制电路的熔断器 FU2 上，万用表显示的电阻值为无穷大，说明控制回路无短路或短接；

② 按下低速起动按钮 SB1，接通的是 KM1 线圈，此时测得的电阻值为 KM1 线圈的直流电阻值；

③ 在②的基础上，按下停止按钮 SB3，断开 KM1 线圈，此时电阻值又显示无穷大；

④ 按下高速起动按钮 SB2，此时接通的是 KT、KM1 线圈，测得的电阻值是 KT、KM1 线圈并联后的直流电阻值；

⑤ 在④的基础上，按下停止按钮 SB3，断开 KT 和 KM1 线圈，此时电阻值为无穷大；

图 2-19 时间继电器控制的双速异步电动机控制线路完成图

⑥ 按下高速起动按钮 SB2，使 KT 动作，此时首先动作的是 KT 和 KM1，经 KT 整定时间后 KM1 断开，同时 KM2 和 KM3 线圈接通，此时测得的电阻值为 KT、KM2 和 KM3 线圈并联后的直流电阻值；

⑦ 在⑥的基础上，使 KM1 动作，KM1 的常闭触头断开，断开 KM2 和 KM3 线圈。此时，测得的直流电阻值变大，即为 KT 线圈的直流电阻值；

⑧ 在⑥的基础上，按下停止按钮 SB3，此时断开 KT、KM2 和 KM3 线圈，测得电阻值为无穷大；

⑨ 使 KM1 动作，此时接通的是 KM1 线圈，测得的电阻值为 KM1 线圈的直流电阻值；

⑩ 使 KT 动作，此时首先接通的是 KT 和 KM1 线圈，经时间继电器的设定整定时间后，KM1 线圈失电，同时 KT 延时闭合触头接通 KM2 和 KM3 线圈，此时测得的电阻值为 KT、KM2 和 KM3 线圈并联后的直流电阻值。

5. 通电调试

>> **特别提示** 通电试车前要检查安全措施，试车时要遵守安全操作规程，出现故障时要停电检查。

按 0.95~1.05 倍电动机额定电流调整热继电器整定电流，检查熔体规格是否符合要求。在指导教师监护下进行，根据电路图的控制要求独立测试。观察电动机有无振动及异常噪声，若出现故障及时断电查找排除。通电试车后，断开电源，先拆除三相电源线，再拆除电动机负载线。

> **注意**　　双速异步电动机的控制线路中存在高、低速转换同向的问题，即电动机在低速运行时，如果转向是正转（逆时针方向旋转），而在转换为高速时为反转（顺时针方向旋转），说明双速异步电动机在高、低速转换时不同向，解决这种问题的方法是将双速异步电动机 M 的接线端 U1、V1、W1 或 U2、V2、W2 中的任意两相调换即可。

6. 故障排查

故障现象：电动机无法从低速自动变换到高速。

故障分析如图 2-20 所示。

1）用通电试验法观察故障现象。

2）用逻辑分析法缩小故障范围，并在电路图中标出故障部位的最小范围。问题出在 KT、KM2 和 KM3 控制电路。

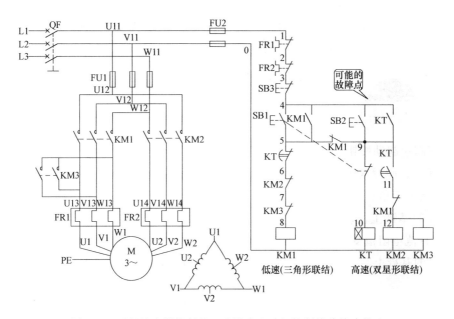

图 2-20　时间继电器控制的双速异步电动机控制线路故障排查

3）用测量法正确、迅速地找出故障点，可以采用电阻测量法或电压测量法。本任务建议采用电阻测量法，注意断开电源电路。检查 SB2 常开触头是否良好，KT、KM2 和 KM3 线圈是否完好，KT 常开触头（4-9）、KT 延时闭合常开触头（9-11）和 KM1 常闭触头（11-12）是否良好，各触头是否有松动、断线等情况出现。

4）排除故障后通电试车。通电试车后，断开电源，先拆除三相电源线，再拆除电动机负载线。

7. 整理现场

整理现场工具及电器元件，清理现场，根据工作过程填写任务书，整理工作资料。

三、注意事项

1）接线时，注意主电路中接触器 KM1、KM2 在两种转速下电源相序的改变，不能接错，否则，两种转速下的电动机转向相反，换向时将产生很大的冲击电流。

2）控制双速异步电动机三角形联结的接触器 KM1 和双星形联结的 KM2 的主触头不能调换接线，否则不但无法实现双速控制要求，而且会在双星形联结运行时造成电源短路事故。

3）热继电器 FR1、FR2 的整定电流不能设错，其在主电路中的接线不能接错。

4）控制板外配线必须用套管加以防护，以确保安全。

5）电动机、按钮等金属外壳必须保护接地。

6）通电试车、调试及检修时，必须在指导教师的监护和允许下进行。

7）当电动机运转平稳后，用钳形电流表测量电动机三相电路电流是否平衡。

8）要做到安全操作和文明生产。

【任务评价】

学生完成本任务的考核评价细则见评分记录表 2-4。

表 2-4 技能训练考核评分记录表

情境内容	配分	评 分 标 准	扣分
识读电路图	15	1. 不能正确识读电器元件，每处扣 1 分 2. 不能正确分析该电路工作原理，扣 5 分	
装前检查	5	电器元件漏检或错检，每处扣 1 分	
安装电器元件	15	1. 不按布置图安装，扣 15 分	
		2. 电器元件安装不牢固，每只扣 4 分	
		3. 电器元件安装不整齐、不均匀、不合理，每只扣 3 分	
		4. 损坏电器元件，扣 15 分	
布线	30	1. 不按电路图接线，扣 25 分	
		2. 布线不符合要求： 主电路，每根扣 4 分 控制电路，每根扣 2 分	
		3. 接点不符合要求，每个接点扣 1 分	
		4. 损伤导线绝缘或线芯，每根扣 5 分	
		5. 漏装或套错编码套管，每个扣 1 分	
通电试车	30	1. 第一次试车不成功，扣 10 分	
		2. 第二次试车不成功，扣 20 分	
		3. 第三次试车不成功，扣 30 分	
资料整理	5	任务单填写不完整，扣 2~5 分	
安全文明生产		违反安全文明生产规程，扣 2~40 分	
定额时间 2h		每超时 5min 以内以扣 3 分计算，但总扣分不超过 10 分	
备 注		除定额时间外，各情境的最高扣分不应超过配分数	
开始时间		结束时间		得分	

【任务拓展】

图 2-21 为工厂企业广泛使用的双速交流异步电动机自动变速控制线路，各元件的作用及工作过程与前述时间继电器控制的双速异步电动机控制线路工作过程类似，请读者自行分析。

请完成上述电路的安装与调试。

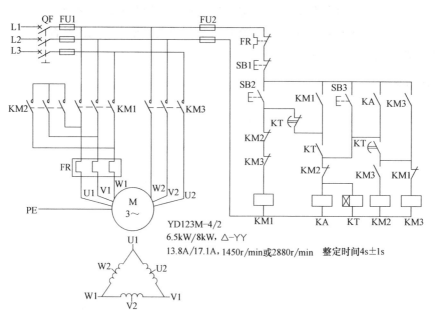

图 2-21 双速交流异步电动机自动变速控制线路电气原理图

【思考与练习】

现有一双速异步电动机，试按下述要求设计控制线路：

（1）分别用两个按钮操作电动机的高速起动与低速起动，用一个总停止按钮操作电动机停止。

（2）起动高速时，应先接成低速，然后经延时后再换接到高速。

（3）有短路保护和过载保护。

项目3

安装与检修绕线转子异步电动机控制线路

　　绕线转子异步电动机可以通过集电环在转子绕组中串接电阻来改善电动机的机械特性，从而达到减少起动电流、增大起动转矩以及调节转速的目的，在实际生产中对要求起动转矩大、又能平滑调速的场合，常采用绕线转子异步电动机。图 3-1 为某工厂机加工车间安装的桥式起重机，桥式起重机主钩用来提升重物，其升降由绕线转子异步电动机拖动。

　　绕线转子异步电动机常用的控制线路有转子绕组串接电阻起动控制线路、转子绕组串接频敏变阻器起动控制线路和凸轮控制器线路。本项目将学习绕线转子异步电动机的常用控制方法，学会安装、调试与检修绕线转子异步电动机常用控制线路。

图 3-1　桥式起重机的外形

图安装、调试线路。

4.能根据故障现象对时间继电器控制绕线转子异步电动机转子回路串电阻起动控制线路的简单故障进行排查。

【相关知识】

一、中间继电器

中间继电器是用来增加控制线路中的信号数量或将信号放大的继电器，其输入信号是线圈的通电和断电，输出信号是触头的动作。当触头的数量较多时，可以用中间继电器来控制多个元件或回路。

中间继电器可分为直流与交流两种，其结构一般由电磁机构和触头系统组成。电磁机构与接触器相似，其触头因为通过控制线路的电流容量较小，所以不需加装灭弧装置。

1.中间继电器的外形结构与符号

中间继电器的外形如图3-2a所示，结构如图3-2b所示。图3-2c为中间继电器的图形符号，其文字符号为KA。

a) 外形

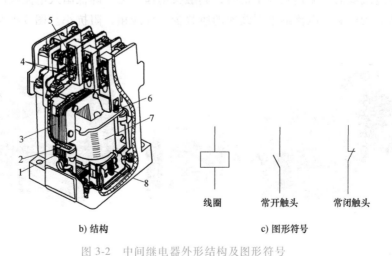

线圈　　常开触头　　常闭触头

b) 结构　　　　　　　　c) 图形符号

图 3-2　中间继电器外形结构及图形符号

1—静铁心　2—短路环　3—衔铁　3—常开触头　4—常闭触头

5—反作用弹簧　6—线圈　7—铁心　8—缓冲弹簧

中间继电器的结构和交流接触器基本一样，其外壳一般由塑料制成，为开启式。外壳上的相间隔板将各对触头隔开，以防止因飞弧而发生短路事故。触头一般有8常开、6常开2常闭、4常开4常闭三种组合形式。

2. 中间继电器的动作原理

中间继电器与交流接触器相似，动作原理也相同，当电磁线圈得电时，铁心被吸合，触头动作，即常开触头闭合，常闭触头断开；电磁线圈断电后，铁心释放，触头复位。

3. 中间继电器的型号含义

中间继电器的型号含义如图3-3所示。

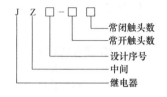

图 3-3 中间继电器的型号含义

4. 中间继电器的选用

中间继电器主要依据被控制线路的电压等级、所需触头的数量、种类、容量等要求来选择。JZ7系列中间继电器的技术数据见表3-1。

表 3-1 JZ7 系列中间继电器的技术数据

型号	触头额定电压/V		触头额定电流/A	触头数量		操作频率/(次/h)	吸引线圈电压/V		吸引线圈消耗功率/V·A	
	直流	交流		常开	常闭		50Hz	60Hz		
JZ7-44	440	500	5	4	4	1200	12、24、36、48、110、127、220、380、420、440、500	12、36、110、127、220、380、440	75	12
JZ7-62	440	500	5	6	2	1200			75	12
JZ7-80	440	500	5	8	0	1200			75	12

二、电流继电器

反映输入量为电流的继电器称为电流继电器。使用时，电流继电器的线圈串联在被测电路中，当通过线圈的电流达到预定值时，其触头动作。为了降低串入电流继电器线圈后对原电路工作状态的影响，电流继电器线圈的匝数少、导线粗、阻抗小。图3-4为常见电流继电器的外形。

图 3-4 常见电流继电器的外形

电流继电器分为过电流继电器和欠电流继电器两种。电流继电器在电路图中的符号如图3-5所示。

1. 过电流继电器

当通过继电器的电流超过预定值时就动作的继电器称为过电流继电器。过电流继电器的吸合电流为额定电流的1.1~4倍，也就是说，在电路正常工作时，过电流继电器线圈通过额定电流时是不吸合的；当电路中发生短路或过载故障，通过线圈的电流达到或超过预定值时，铁心和衔铁才吸合，带动触头动作。

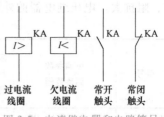

图 3-5　电流继电器和电路符号

过电流继电器常用于直流电动机或绕线转子电动机的控制线路中，用于频繁及重载起动的场合，作为电动机和主电路的过载或短路保护。

2. 欠电流继电器

当通过继电器的电流减小到低于其整定值时就动作的继电器称为欠电流继电器。欠电流继电器的吸引电流一般为线圈额定电流的0.3~0.65倍，释放电流为额定电流的0.1~0.2倍。因此，在电路正常工作时，欠电流继电器的衔铁与铁心始终是吸合的。只有当电流降至低于整定值时，欠电流继电器释放，发出信号，从而改变电路的状态。

欠电流继电器常用于直流电动机和电磁吸盘电路中做弱磁保护。

3. 型号含义

常用 JT4 系列交流通用继电器及 JL14 系列交直流通用继电器的型号含义如图 3-6 所示，其技术数据见表 3-2 及表 3-3。

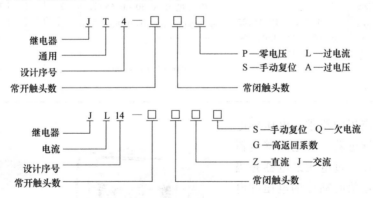

图 3-6　常用 JT4 系列交流通用继电器及 JL14 系列交直流通用继电器的型号含义

4. 选用

1）电流继电器的额定电流一般可按电动机长期工作的额定电流来选择。对于频繁起动的电动机，额定电流可选大一个等级。

2）电流继电器的触头种类、数量、额定电流及复位方式应满足控制线路的要求。

3）过电流继电器的整定电流一般取电动机额定电流的1.7~2倍，频繁起动的场合可取电动机额定电流的2.25~2.5倍。欠电流继电器的整定电流一般取额定电流的0.1~0.2倍。

三、电压继电器

反映输入量为电压的继电器称为电压继电器。使用时电压继电器的线圈并联在被测量的电路中，根据线圈两端电压的大小而接通或断开电路。因此这种继电器线圈的导线细、匝数多、阻抗大。电压继电器的外形如图 3-7 所示。

表 3-2　JT4 系列交流通用继电器的技术数据

型号	可调参数调整范围	标称允许偏差	返回系数	触头数量	吸引线圈		复位方式	机械寿命/万次	电寿命/万次	质量/kg
					额定电压（或电流）	消耗功率/W				
JT4-□□A 过电压继电器	吸合电压（1.05~1.20）U_N	±10%	0.1~0.3	1 常开 1 常闭	110V、220V、380V	75	自动	1.5	1.5	2.1
JT4-□□P 零电压（或中间）继电器	吸合电压（0.60~0.85）U_N 或释放电压（0.10~0.35）U_N		0.2~0.4	1 常开、1 常闭 或 2 常开 中 2 常闭	110V、127V、220V、380V			100	10	1.8
JT4-□□L 过电流继电器	吸合电流（1.10~3.50）I_N		0.1~0.3		5A、10A、15A、20A、40A、80A、150A、300A、600A	5	手动	1.5	1.5	1.7
JT4-□□S 手动过电流继电器										

表 3-3　JL14 系列交直流通用继电器的技术数据

电流种类	型号	吸引线圈额定电流 I_N/A	可调参数调整范围	触头组合形式		备注
				常开	常闭	
直流	JL14-□□Z	1、1.5、2.5、10、15、25、40、60、100、150、300、500、1200、1500	吸合电流（0.70~3.00）I_N	3	3	
	JL14-□□ZS		吸合电流（0.30~0.65）I_N 或释放电流（0.10~0.20）I_N	2	1	手动复位
	JL14-□□ZQ			1	2	欠电流
交流	JL14-□□J		吸合电流（1.10~4.00）I_N	1	1	
	JL14-□□JS			2	2	手动复位
	JL14-□□JG			1	1	返回系数大于 0.65

根据实际应用的要求，电压继电器分为过电压继电器、欠电压继电器和零电压继电器。过电压继电器是当电压大于其整定值时动作的电压继电器，主要用于对电路或设备做过电压保护。常用的过电压继电器为 JT4-A系列，其动作电压可在 105%~120%额定电压范围内调整。欠电压继电器是当电压降至某一规定范围时动作的电压继电器。欠电压继电器和零电压继电器在电路正常工作时，铁心与衔铁是吸合的，当电压降至低于整定值

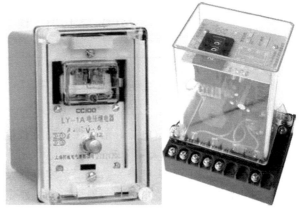

图 3-7　电压继电器的外形

时，衔铁释放，带动触头动作，对电路实现欠电压或零电压保护。常用的欠电压继电器和零电压继电器有 JT4-P 系列，欠电压继电器的释放电压可在 40%~70%额定电压范围内整定，零电压继电器的释放电压可在 10%~35%额定电压范围内调节。

电压继电器在电路图中的符号如图 3-8 所示，其技术数据见表 3-2。

电压继电器的选择，主要依据继电器的线圈额定电压、触头的数目和种类进行。

图 3-8　电压继电器的符号

四、绕线转子异步电动机

绕线转子异步电动机的外形如图 3-9 所示。绕线转子异步电动机可以通过集电环在转子绕组中串接外加电阻来减小起动电流，提高转子电路的功率因数，增加起动转矩。并且还可通过改变所串的电阻大小进行调速，所以在一般要求起动转矩较高和需要调速的场合，绕线转子异步电动机得到了广泛的应用。风机、提升机等都是使用绕线转子异步电动机来实现调速的。

图 3-9　绕线转子异步电动机的外形

绕线转子异步电动机的起动方式有：在转子绕组中串接起动电阻和接入频敏变阻器等。绕线转子异步电动机转子回路接线示意图如图 3-10 所示。

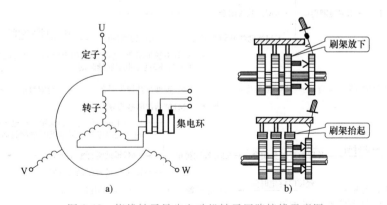

图 3-10　绕线转子异步电动机转子回路接线示意图

五、时间继电器控制绕线转子异步电动机转子绕组串接电阻起动控制线路

图 3-11 为时间继电器控制绕线转子异步电动机转子绕组串接电阻起动控制线路电气原

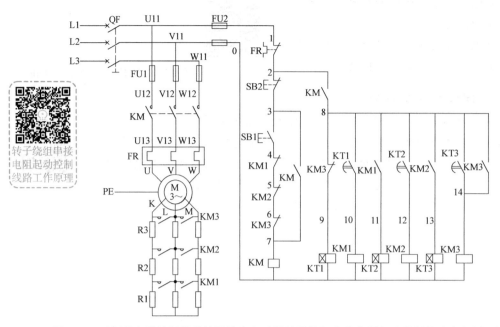

图 3-11 时间继电器控制绕线转子异步电动机转子绕组串接电阻起动控制线路电气原理图

理图。串接在三相转子绕组中的起动电阻，一般都接成星形。在开始起动时，起动电阻全部接入，以减小起动电流，保持较高的起动转矩。随着起动过程的进行，起动电阻应逐段切除。起动完毕时，起动电阻全部被切除，电动机在额定转速下运行。

该电路利用三个时间继电器 KT1、KT2、KT3 和三个接触器 KM1、KM2、KM3 的相互配合来依次自动切除转子绕组中的三级电阻。

线路的工作原理如下：合上电源开关 QF。

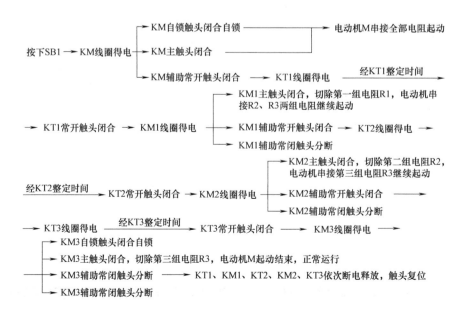

为保证电动机只有在转子绕组串入全部外加电阻的条件下才能起动，将接触器 KM1、

KM2、KM3 的辅助常闭触头与起动按钮 SB1 串接，这样，如果接触器 KM1、KM2、KM3 中的任何一个因触头熔焊或机械故障而不能正常释放时，即使按下起动按钮 SB1，控制线路也不会得电，电动机就不会接通电源起动运转。

停止时，按下 SB2 即可。

【任务实施】

一、使用材料、工具与仪表

1）完成本任务所需工具与仪表为：螺钉旋具、尖嘴钳、斜嘴钳、剥线钳，压线钳、万用表、钳形电流表等。

2）完成本任务所需电器元件明细表见表 3-4。

表 3-4　时间继电器控制绕线转子异步电动机转子绕组串接电阻起动控制线路电器元件明细表

序号	代号	名称	型号	规格	数量
1	M	绕线转子异步电动机	YZR-132M1-6	2.2kW、380V、6A/15.4A、908r/min	1
2	QF	断路器	DZ47-63	380V、20A、整定 10A	1
3	FU1	熔断器	RT18-32	500V、配 25A 熔体	3
4	FU2	熔断器	RT18-32	500V、配 2A 熔体	2
5	KM1～KM3	接触器	CJX-22	线圈电压 220V、20A	3
6	FR	热继电器	JR16-20/3	三相、20A、整定电流 6A	1
7	SB1、SB2	按钮	LA-18	5A	2
8	XT	端子排	TB1510	600V、15A	1
9	KT1～KT3	时间继电器	ST3P	线圈电压 220V	3
10		起动电阻器	2K1-12-6/1		1
11		控制板安装套件			1

二、安装步骤及工艺要求

1. 检测电器元件

根据表 3-4 配齐所用电器元件，其各项技术指标均应符合规定要求，目测其外观无损坏，手动触头动作灵活，并用万用表进行质量检验，如不符合要求，则予以更换。

2. 绘制电器元件布置图

时间继电器控制绕线转子异步电动机转子绕组串接电阻起动控制线路电器元件布置图如图 3-12 所示。

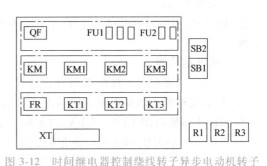

图 3-12　时间继电器控制绕线转子异步电动机转子绕组串接电阻起动控制线路电器元件布置图

3. 绘制接线图

时间继电器控制绕线转子异步电动机转子绕组串接电阻起动控制线路接线图如图 3-13 所示。

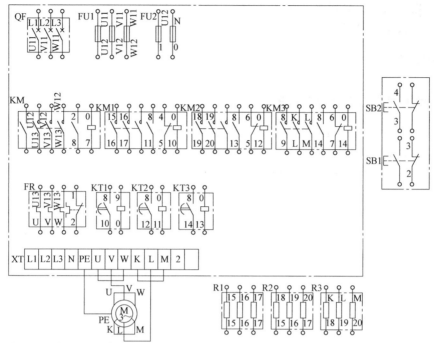

图 3-13　时间继电器控制绕线转子异步电动机转子绕组串接电阻起动控制线路接线图

4. 安装控制板

（1）安装电器元件

在控制板上接图 3-12 安装电器元件和走线槽，并贴上醒目的文字符号，其排列位置、相互距离应符合要求，紧固力适当，无松动现象。实物布置图如图 3-14 所示。

（2）布线

在控制板上按照图 3-11 和图 3-13 进行板前线槽布线，并在导线两端套编码套管和冷压接线头，如图 3-15 所示。板前线槽配线的工艺要求请参照项目 1。

（3）安装电阻器

电阻器要尽可能放在箱体内，若置于箱体外，必须采取遮护或隔离措施，以防止发生触电事故。

（4）通电前检测

1）对照电气原理图、接线图检查，连接无遗漏。

2）万用表检测：确保电源切断情况下，分别测量主电路、控制电路，通断是否正常。

① 未压下 KM 时测 L1-U、L2-V、L3-W，压下 KM 后再次测量 L1-U、L2-V、L3-W；

② 未压下起动按钮 SB1 时，测量控制电路电源两端（U11-N）；

③ 压下起动按钮 SB1 后，测量控制电路电源两端（U11-N）。

5. 通电试车

【特别提示】

通电试车前要检查安全措施，试车时要遵守安全操作规程，出现故障时要停电检查。

图 3-14　时间继电器控制绕线转子异步
电动机转子绕组串接电阻起动
控制线路电器元件实物布置图

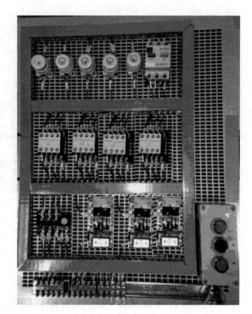

图 3-15　时间继电器控制绕线转子异步电动机
转子绕组串接电阻起动控制线路布线图

按 0.95~1.05 倍电动机额定电流调整热继电器整定电流；时间继电器延时时间要在通电前进行整定，并在试车时校正，检查熔体规格是否符合要求。在指导教师监护下进行，根据电路图的控制要求独立测试。观察电动机有无振动及异常噪声，若出现故障及时断电查找排除。通电试车后，断开电源，先拆除三相电源线，再拆除电动机负载线。

6. 故障排查

（1）故障现象

接通电源，合上断路器，按下起动按钮，电动机无反应。

（2）故障检修

1）用通电试验法观察故障现象。故障原因可能是电动机主电路电源不通或控制电路不通。

2）用逻辑分析法缩小故障范围，并在电路图中标出故障部位的最小范围。问题出在主电路电源端或控制电路 KM 线圈电路，如图 3-16 所示。

3）用测量法正确迅速地找出故障点。可以采用电阻测量法或电压测量法。本处建议采用电阻测量法，注意断开电源电路。检查断路器接点闭合是否良好，接触器 KM 线圈电路的接线是否紧固。可能故障点如图 3-16 所示。

4）排除故障后通电试车。通电试车后，断开电源，先拆除三相电源线，再拆除电动机负载线。

7. 整理现场

整理现场工具及电器元件，清理现场，根据工作过程填写任务书，整理工作资料。

三、注意事项

1）接触器 KM1、KM2、KM3 与时间继电器 KT1、KT2、KT3 的接线务必正确，否则会

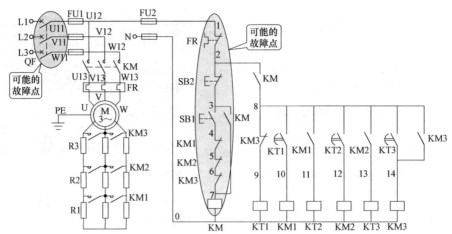

图 3-16　时间继电器控制绕线转子异步电动机转子绕组串接电阻起动控制线路故障排查

造成按下起动按钮、将电阻全部切除起动，电动机过热的现象。

2）控制板外配线必须用套管加以防护，以确保安全。

3）电动机、按钮等金属外壳必须保护接地。

4）通过试车、调试及检修时，必须在指导教师的监护和允许下进行。

5）电动机旋转时，注意转子集电环与电刷之间的火花，如果火花大或集电环有灼伤痕迹，应立即停车检查。

6）要做到安全操作和文明生产。

【任务评价】

学生完成本任务的考核评价细则见评分记录表（表3-5）。

表 3-5　技能训练考核评分记录表

情境内容	配分	评　分　标　准	扣分
识读电路图	15	1. 不能正确识读电器元件,每处扣 1 分 2. 不能正确分析该电路工作原理,扣 5 分	
装前检查	5	电器元件漏检或错检,每处扣 1 分	
安装电器元件	15	1. 不按布置图安装,扣 15 分	
		2. 电器元件安装不牢固,每只扣 4 分	
		3. 电器元件安装不整齐、不均匀、不合理,每只扣 3 分	
		4. 损坏电器元件,扣 15 分	
布线	30	1. 不按电路图接线,扣 25 分	
		2. 布线不符合要求: 主电路,每根扣 4 分 控制电路,每根扣 2 分	
		3. 接点不符合要求,每个接点扣 1 分	
		4. 损伤导线绝缘或线芯,每根扣 5 分	
		5. 漏装或套错编码套管,每个扣 1 分	

（续）

情境内容	配分	评分标准	扣分
通电试车	30	1. 第一次试车不成功,扣10分	
		2. 第二次试车不成功,扣20分	
		3. 第三次试车不成功,扣30分	
资料整理	5	任务单填写不完整,扣2~5分	
安全文明生产		违反安全文明生产规程,扣2~40分	
定额时间 2h		每超时 5min 以内扣 3 分计算,但总扣分不超过 10 分	
备　注		除定额时间外,各情境的最高扣分不应超过配分数	
开始时间		结束时间　　　　得分	

【任务拓展】

绕线转子异步电动机刚起动时转子电流较大,随着电动机转速的增大,转子电流逐渐减小,根据这一特性,可以利用电流继电器自动控制接触器来逐级切除转子回路的电阻。

电流继电器控制绕线转子异步电动机转子绕组串接电阻起动控制线路如图 3-17 所示。三个过电流继电器 KA1、KA2 和 KA3 的线圈串接在转子回路中,它们的吸合电流都一样,但释放电流不同,KA1 最大,KA2 次之,KA3 最小,从而能根据转子电流的变化,控制接触器 KM1、KM2、KM3 依次动作,逐级切除起动电阻。

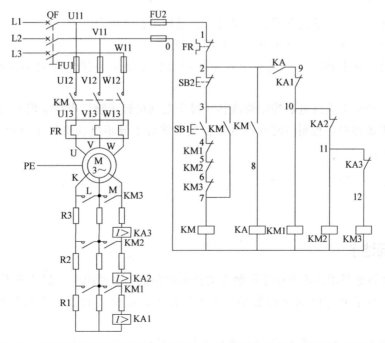

图 3-17　电流继电器控制绕线转子异步电动机转子绕组串接电阻起动控制线路

线路的工作原理如下:合上电源开关 QF。

由于电动机 M 起动时转子电流较大，三个过电流继电器 KA1、KA2 和 KA3 均吸合，它们接在控制线路中的常闭触头均断开，使接触器 KM1、KM2，KM3 的线圈都不能得电，接在转子电路中的常开触头都处于断开状态，起动电阻被全部串接在转子绕组中。随着电动机转速的升高，转子电流逐渐减小，当减小至 KA1 的释放电流时，KA1 首先释放，其常闭触头恢复闭合，接触器 KM1 得电，主触头闭合，切除第一组电阻 R1。当 R1 被切除后，转子电流重新增大，但随着电动机转速的继续升高，转子电流又会减小，待减小至 KA2 的释放电流时，KA2 释放，接触器 KM2 动作，切除第二组电阻 R2，如此继续下去，直至全部电阻被切除，电动机起动完毕，进入正常运行状态。

中间继电器 KA 的作用是保证电动机在转子电路中接入全部电阻的情况下开始起动。因为电动机开始起动时，转子电流从零增大到最大值需要一定的时间，这样有可能电流继电器 KA1、KA2 和 KA3 还未动作，接触器 KM1、KM2、KM3 就已经吸合而把电阻 R1、R2、R3 短接，造成电动机直接起动。接入 KA 后，起动时由 KA 的常开触头断开 KM1、KM2、KM3 线圈的通电回路，保证了起动时转子回路串入全部电阻。

请完成上述电路的安装与调试。

【思考与练习】

1. 绕线转子异步电动机有哪些主要特点？适用于什么场合？
2. 什么是电流继电器？电流继电器有哪几种？
3. 叙述时间继电器控制绕线转子异步电动机转子绕组串接电阻起动控制线路的工作原理。
4. 安装、调试电流继电器控制绕线转子异步电动机转子绕组串接电阻起动控制线路。
5. 比较电流继电器控制与时间继电器控制绕线转子异步电动机转子绕组串接电阻起动控制线路的不同。

任务2

【任务描述】

凸轮控制器是利用凸轮来操作动触头动作的控制器，主要用于控制功率不大于 30kW 的中、小型绕线转子异步电动机的起动、调速和换向，在桥式起重机等设备中有着广泛的应用。

某工厂机加工车间需安装桥式起重机电气控制柜，要求通过凸轮控制器来实现起动，调速及正、反转控制，设置相应的过载、短路、欠电压、失电压保护。起重机用绕线转子异步电动机的额定电压为 380V，额定功率为 2.2kW，额定转速为 908r/min，额定电流为 15.4A。完成上述绕线转子异步电动机凸轮控制器控制线路的安装、调试，并进行简单故障排查。

【能力目标】

1. 识别凸轮控制器，掌握其结构、符号、原理及作用，并能正确使用。
2. 正确识读绕线转子异步电动机凸轮控制器控制线路电气原理图，会分析其工作原理。
3. 能根据绕线转子异步电动机凸轮控制器控制线路电气原理图正确安装、调试电路。
4. 能根据故障现象对绕线转子异步电动机凸轮控制器控制线路的简单故障进行排查。

【相关知识】

一、凸轮控制器

凸轮控制器是利用凸轮来操作动触头动作的控制器，中、小功率绕线转子异步电动机的起动，调速及正、反转控制，常常采用凸轮控制器来实现，以简化操作。

常用的凸轮控制器有 KTJ1、KTJ15、KT10、KT14 及 KT15 等系列，图 3-18 为常用凸轮控制器的外形。

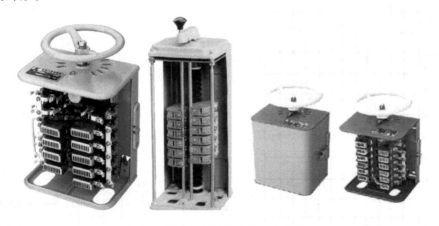

图 3-18 常用凸轮控制器的外形

1. 凸轮控制器的结构原理

KTJ1 系列凸轮控制器的结构如图 3-19 所示，它主要由手轮、触头系统、转轴、凸轮等部分组成。其触头系统共有 12 对触头（9 对常开触头、3 对常闭触头）。其中，4 对常开触头接在主电路中，用于控制电动机的正、反转，配有石棉水泥制成的灭弧罩；其余 8 对触头用于控制电路中，不带灭弧罩。

凸轮控制器的触头分合情况，通常用触头分合表来表示。KTJ1-50/1 型凸轮控制器的触头分合表如图 3-20 所示。图中的上面两行表示手轮的 11 个位置，左侧表示凸轮控制器的 12 对触头。各触头在手轮处于某一位置时的接通状态用符号 "×" 标志，无此符号表示触头是分断的。

2. 凸轮控制器的型号含义

凸轮控制器的型号含义如图 3-21 所示。

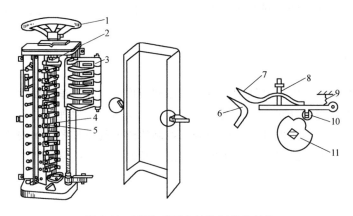

图 3-19　KTJ1 系列凸轮控制器的结构

1—手轮　2—转轴　3—灭弧罩　4、7—动触头　5、6—静触头　8—触头弹簧　9—弹簧　10—滚轮　11—凸轮

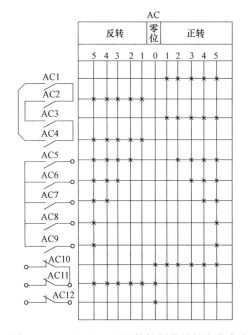

图 3-20　KTJ1-50/1 型凸轮控制器的触头分合表

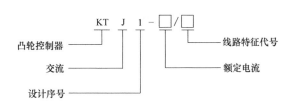

图 3-21　凸轮控制器的型号含义

3. 凸轮控制器的选用

凸轮控制器主要根据所控制电动机的功率、额定电流、工作制和控制位置数目等来选择。

KTJ1 系列凸轮控制器的技术数据见表 3-6。

4. 安装与使用

1）安装前应检查外观及零部件有无损坏。

2）安装前应转动手轮检查有无卡轧现象，次数不得少于 5 次。

3）必须牢固安装在墙壁或支架上，金属外壳必须可靠接地保护。

4）应按触头分合表和电路图的要求接线，反复检查确认无误后才能通电。

表 3-6　KTJ1 系列凸轮控制器的技术数据

型号	位置数		额定电流/A		额定控制功率/kW		每小时操作次数不高于	质量/kg
	向前（上升）	向后（下降）	长期工作制	通电持续率在 40%以下的工作制	220V	380V		
KTJ1-50/1	5	5	50	75	16	16		28
KTJ1-50/2	5	5	50	75	*	*		26
KTJ1-50/3	1	1	50	75	11	11		28
KTJ1-50/4	5	5	50	75	11	11		23
KTJ1-50/5	5	5	50	75	2×11	2×11	600	28
KTJ1-50/6	5	5	50	75	11	11		32
KTJ1-80/1	6	6	80	120	22	30		38
KTJ1-80/3	6	6	80	120	22	30		38
KTJ1-150/1	7	7	150	225	60	100		—

5）安装结束后，应进行空载试验。起动时若凸轮控制器转到"2"位置后电动机仍没有转动，应停止起动，检查电路。

6）起动操作时，手轮不能转动太快，每级之间保持至少约 1s 的时间间隔。

5. 凸轮控制器的常见故障及处理方法

凸轮控制器的常见故障及处理方法见表 3-7。

表 3-7　凸轮控制器的常见故障及处理方法

故障现象	可能原因	处理方法
主电路中常开主触头间短路	灭弧罩破裂	调换灭弧罩
	触头间绝缘损坏	调换凸轮控制器
	手轮转动过快	降低手轮转动速度
触头过热使触头支持件烧焦	触头接触不良	修整触头
	触头压力变小	调整或更换触头压力弹簧
	触头上连接螺钉松动	旋紧螺钉
	触头容量过小	调换控制器
触头熔焊	触头弹簧脱落或断裂	调换触头弹簧
	触头脱落或磨光	更换触头
操作时有卡轧现象及噪声	滚动轴承损坏	调换轴承
	异物嵌入凸轮鼓或触头	清除异物

二、绕线转子异步电动机凸轮控制器控制线路

绕线转子异步电动机凸轮控制器控制线路电气原理图如图 3-22a 所示。接触器 KM 控制电动机电源的通断，同时起欠电压和失电压保护作用；行程开关 SQ1、SQ2 分别作电动机正、反转时工作机构的限位保护；主电路中的过电流继电器 KA1、KA2 作电动机的过载保护；R 是不对称电阻；AC 为凸轮控制器，其触头分合状态如图 3-22b 所示。

原理分析：将凸轮控制器 AC 的手轮置于"0"位后，合上电源开关 QS，这时 AC 最下面的三对触头 AC10~AC12 闭合，为控制线路的接通做准备。按下 SB1，接触器 KM 得电自

锁,为电动机的起动做准备。

1. 正转控制

将凸轮控制器 AC 的手轮从"0"位转到正转"1"位置,这时触头 AC10 仍闭合,保持控制线路接通;触头 AC1、AC3 闭合,电动机 M 接通三相电源正转起动,此时由于 AC 的触头 AC5~AC9 均断开,转子绕组串接全部电阻 R 起动,所以起动电流较小,起动转矩也较小。如果电动机此时负载较大,则不能起动,但可起到消除传动齿轮间隙和拉紧钢丝绳的作用。

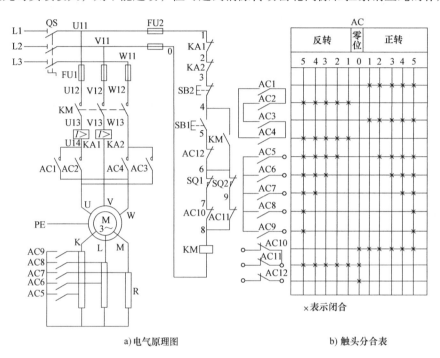

a)电气原理图 b)触头分合表

图 3-22 绕线转子异步电动机凸轮控制器控制线路

当 AC 手轮从正转"1"位转到"2"位时,触头 AC10、AC1、AC3 仍闭合,AC5 闭合,把电阻器 R 上的一级电阻短接切除,电动机转矩增加,正转加速。同理,当 AC 手轮依次转到正转"3"和"4"位置时,触头 AC10、AC1、AC3、AC5 仍闭合,AC6、AC7 先后闭合,把电阻器 R 上的两级电阻相继短接,电动机 M 继续加速正转。当手轮转到"5"位置时,AC5~AC9 五对触头全部闭合,转子回路电阻被全部切除,电动机起动完毕进入正常运行。

停止时,将 AC 手轮扳回零位即可。

2. 反转控制

当将 AC 手轮扳到反转"1"~"5"位置时,触头 AC2、AC4 闭合,接入电动机的三相电源相序改变,电动机将反转。反转的控制过程与正转相似,请自行分析。

凸轮控制器最下面的三对触头 AC10~AC12 只有当手轮置于零位时才全部闭合,而手轮在其余各档位置时都只有一对触头闭合(AC10 或 AC11),而其余两对断开。从而保证了只有手轮置于"0"位时,按下起动按钮 SB1 才能使接触器 KM 线圈得电动作,然后通过凸轮控制器 AC 使电动机进行逐级起动,避免了电动机在转子回路不串起动电阻的情况下直接起动,同时也防止了由于误按 SB1 使电动机突然快速运行而发生意外事故。

【任务实施】

一、使用材料、工具与仪表

1）完成本任务所需工具与仪表为：螺钉旋具、尖嘴钳、斜嘴钳、剥线钳、压线钳、万用表等。

2）完成本任务所需电器元件明细表见表3-8。

表3-8 绕线转子异步电动机凸轮控制器控制线路电器元件明细表

代号	元件名称	型号规格	数量	备注
M	绕线转子异步电动机	YZR132M1-6,2.2kW,星形联结,定子电压380V,电流6.1A;转子电压132V,电流12.6A;908r/min	1	
QS	转换开关	HZ10-25/3	1	
FU1	熔断器	RL1-60/25A	3	
FU2	熔断器	RL1-15/2A	2	
KM	交流接触器	CJX-22,380V	1	
KA1,KA2	过电流继电器	JL12-10	2	
R	电阻器	RT12-6/1B,2.2kW	1	
AC	凸轮控制器	KTJ1-50/2	1	
SQ1,SQ2	行程开关	JLXK1-111	2	
SB1,SB2	起动按钮	LA10-2H	2	绿色
	停止按钮			红色
	接线端子	JX2-Y010	2	
	导线	BV-2.5mm^2,BVR-1mm^2	若干	
	冷压接头	1mm^2	若干	
	异型管	1.5mm^2	若干	
	开关板	木制,500mm×400mm	1	

二、安装步骤及工艺要求

1. 检测电器元件

根据表3-8配齐所用电器元件，其各项技术指标均应符合规定要求，目测其外观无损坏，手动触头动作灵活，并用万用表进行质量检验，如不符合要求，则予以更换。

2. 绘制电器元件布置图，如图3-23所示

绕线转子异步电动机凸轮控制器控制线路电器元件布置图如图3-23所示。

3. 安装控制板

（1）安装电器元件

在控制板上按图3-23安装电器元件和走线槽，并贴上醒目的文字符号，其排列位置、相互距离应符合要求，紧固力适当，无松动现象。

（2）布线

布线时以接触器为中心,由里向外、由低至高,先控制电路、后主电路进行,以不妨碍后续布线为原则。布线完成后如图3-24a所示。配线的工艺要求请参照项目1。

(3)安装并连接行程开关

安装并连接行程开关如图 3-24b 所示(实际应用中行程开关安装在设备上)。

(4)安装凸轮控制器,并连接电阻器、控制板、电动机

1)将电阻器与凸轮控制器连接。连接电阻器的 R6 与凸轮控制器的公共点,如图 3-25 所示。连接电阻器的 R5 与凸轮控制器 AC5,

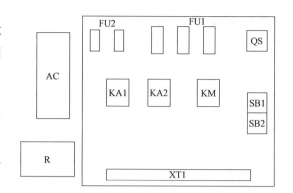

图 3-23 绕线转子异步电动机凸轮控制器
控制电路电器元件布置图

如图 3-26 所示。按此方法将电阻器的 R4 与凸轮控制器 AC6 连接,电阻器的 R3 与凸轮控制器 AC7 连接,电阻器的 R2 与凸轮控制器 AC8 连接,电阻器的 R1 与凸轮控制器 AC9 连接,如图 3-27 所示。

a)布线完成后的控制板

b)安装并连接行程开关

图 3-24 布线及安装并连接行程开关

图 3-25　连接 R6 与凸轮控制器的公共点

图 3-26　连接 R5 与凸轮控制器的 AC5

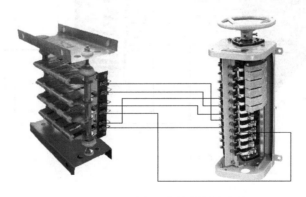

图 3-27　电阻器与凸轮控制器的连接

　　2）将控制板与凸轮控制器连接。连接控制板的 8# 线与凸轮控制器 AC10 和 AC11 的公共点，如图 3-28 所示；连接控制板的 7# 线与凸轮控制器 AC10，如图 3-29 所示；按此方法将控制板的 9# 线与凸轮控制器 AC11 连接，控制板的 5# 线与凸轮控制器 AC12 连接，控制板的 6# 线与凸轮控制器 AC12 连接，连接结果如图 3-30 所示。

　　3）将电动机与凸轮控制器连接。连接控制板的主电路与凸轮控制器，连接凸轮控制器与电动机的定子绕组，如图 3-31 所示；连接凸轮控制器与电动机的转子绕组，如图 3-32

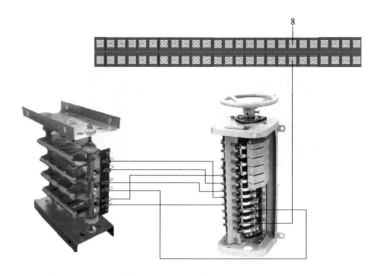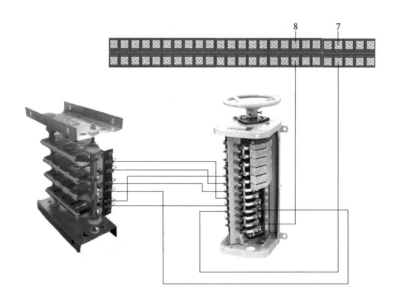

图 3-28　连接 8# 线与凸轮控制器 AC10 和 AC11 的公共点

图 3-29　连接 7# 线与凸轮控制器 AC10 的公共点

所示。

（5）通电前检测

通电前，应认真检查有无错接、漏接造成不能正常运行或短路事故的现象。

4. 通电试车

【特别提示】

通电试车前要检查安全措施，试车时要遵守安全操作规程，出现故障时要停电检查。

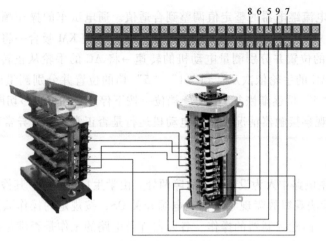

图 3-30 控制板与凸轮控制器的连接

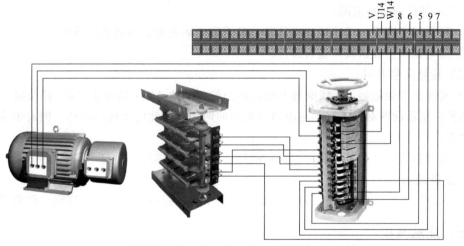

图 3-31 凸轮控制器与电动机定子绕组及控制板主电路的连接

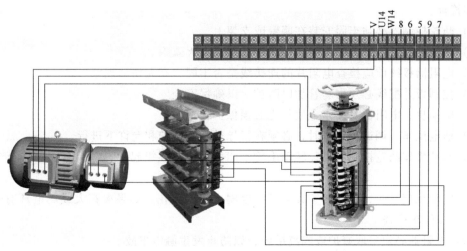

图 3-32 凸轮控制器与电动机转子绕组的连接

连接电源，将电流继电器的整定值调整到合适值。通电试车的操作顺序是：将 AC 的手轮置于"0"档位→合上电源开关 QS→按下起动按钮 SB1 使 KM 吸合→将 AC 的手轮依次正转到"1"~"5"档的位置并分别测量电动机的转速→将 AC 的手轮从正转"5"档逐渐恢复到"0"档位→将 AC 的手轮依次反转到"1"~"5"档的位置并分别测量电动机的转速→将 AC 的手轮从反转"5"档逐渐恢复到"0"档位→按下停止按钮 SB2→切断电源开关 QS。

试车时，注意观察接触器情况。观察电动机运行是否正常，若有异常现象应立即停车。

5. 故障排查

（1）故障检修

在控制电路或主电路中人为设置电气故障两处，由学生自行检修。其检修步骤及要求是：

1）用通电试验法观察故障现象。合上电源开关 QS，按规定的操作顺序操作，注意观察电动机的运行情况，凸轮控制器的操作、各元器件及电路的工作是否满足控制要求。操作过程中若发现异常现象，应立即断电检查。

2）根据观察到的故障现象结合电路图和触头分合表分析故障范围，并在电路图上用虚线标出故障部位的最小范围。

3）用测量法准确、迅速地找出故障点并采取正确的方法迅速排除故障。

4）通电试车，确认故障是否排除。

（2）检修注意事项

1）要注意当接触器 KM 线圈通电吸合但凸轮控制器 AC 手柄处于"0"档位时，由于只采用凸轮控制器的两对触头控制主电路三相中的两相，因此电动机不起动，但定子绕组处于带电状态。

2）检修过程中严禁扩大和产生新的故障，否则要立即停车检修。

6. 整理现场

整理现场工具及电器元件，清理现场，根据工作过程填写任务书，整理工作资料。

三、注意事项

1）安装凸轮控制器前，应转动手轮，检查运动系统是否灵活、触头分合顺序是否与分合表相符合。

2）凸轮控制器必须牢固安装在墙壁或支架上。

3）凸轮控制器接线务必正确，接线后必须盖上灭弧罩。

4）电阻器接线前应检查电阻片的连接线是否牢固、有无松动现象。

5）控制板外配线必须用套管加以防护，以确保安全。

6）电动机、电阻器及按钮金属外壳必须保护接地。

7）通电试车、调试及检修时，必须在指导教师的监护和允许下进行。

8）起动操作凸轮控制器时，转动手轮不能太快，应逐级起动，每级之间保持至少约 1s 的时间间隔。

9）电动机旋转时，注意转子集电环与电刷之间的火花，如果火花大或集电环有灼伤痕迹，应立即停车检查。

10）电阻器必须采取遮护或隔离措施，以防止发生触电事故。

11）要做到安全操作和文明生产。

【任务评价】

学生完成本任务的考核评价细则见评分记录表（表 3-9）。

表 3-9 技能训练考核评分记录表

情境内容	配分	评 分 标 准	扣分
识读电路图	15	1. 不能正确识读电器元件，每处扣 1 分 2. 不能正确分析该电路工作原理，扣 5 分	
装前检查	5	电器元件漏检或错检，每处扣 1 分	
安装电器元件	15	1. 不按布置图安装，扣 15 分 2. 电器元件安装不牢固，每只扣 4 分 3. 电器元件安装不整齐、不均匀、不合理，每只扣 3 分 4. 损坏电器元件，扣 15 分	
布线	30	1. 不按电路图接线，扣 25 分 2. 布线不符合要求： 　主电路，每根扣 4 分 　控制电路，每根扣 2 分 3. 接点不符合要求，每个接点扣 1 分 4. 损伤导线绝缘或线芯，每根扣 5 分 5. 漏装或套错编码套管，每个扣 1 分	
通电试车	30	1. 第一次试车不成功，扣 10 分 2. 第二次试车不成功，扣 20 分 3. 第三次试车不成功，扣 30 分	
资料整理	5	任务单填写不完整，扣 2~5 分	
安全文明生产		违反安全文明生产规程，扣 2~40 分	
定额时间 2h		每超时 5min 以内以扣 3 分计算，但总扣分不超过 10 分	
备 注		除定额时间外，各情境的最高扣分不应超过配分数	
开始时间		结束时间	得分

【任务拓展】

桥式起重机主要由大车（桥架）、小车（移动机构）和起重提升机构组成，如图 3-33 所示。大车在轨道上行走，大车上架有小车轨道，小车在小车轨道上行走，小车上装有提升机。这样，起重机就可以在大车的行车范围内进行起重运输。

20t/5t 桥式起重机共配置 4 台电动机 M1~M4，电气原理图如图 3-34 所示。

大车用两台相同的电动机 M3 和 M4 同速拖动，用凸轮控制器 QC3 控制。两台电动机分别由电磁制动器 YB3 和 YB4 采用失电方式制动，这样可以保障停电时，停车制动，保证

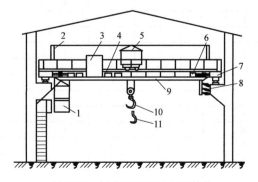

图 3-33 桥式起重机的主要结构

1—驾驶室　2—辅助滑线架　3—交流磁力控制盘
4—电阻箱　5—起重小车　6—大车拖动电动机
7—端架　8—主滑线　9—主梁　10—主钩　11—副钩

安全。两个位置开关 SQ7 和 SQ8 装在大车两侧，当大车行至终点与挡铁相撞时，便压下位置开关，使电动机失电制动。

小车是用电动机 M2 拖动，用凸轮控制器 QC2 控制，采用电磁制动器 YB2 实现机械抱闸制动，位置开关 SQ5 和 SQ6 装在小车两端，当小车行到终端与挡铁相撞时，便压下位置开关，使电动机失电制动。副钩用电动机 M1 拖动，用凸轮控制器 QC1 控制，电磁制动器 YB1 控制机械抱闸，位置开关 SQ4 作为上限行程保护。

QS1 为三相电源开关，大车、小车、副钩电源用接触器 KM1 控制，主钩主电源开关用 QS2 控制，主钩控制电源由 QS3 控制。

凸轮控制器控制线路如图 3-35 所示。凸轮控制器 QC1、QC2、QC3 的触头通断情况见表 3-10、表 3-11。

表 3-10　副钩、小车凸轮控制器 QC1、QC2 的触头闭合表

触头号	向 左					零位	向 右				
	5	4	3	2	1	0	1	2	3	4	5
1							+	+	+	+	+
2	+	+	+	+	+						
3							+	+	+	+	+
4	+	+	+	+	+						
5	+	+	+	+				+	+	+	+
6	+	+	+						+	+	+
7	+	+								+	+
8	+									+	+
9	+										+
10						+	+	+	+	+	+
11	+	+	+	+	+	+					
12						+					

表 3-11　大车凸轮控制器 QC3 触头闭合表

触头号	向 后					零位	向 前				
	5	4	3	2	1	0	1	2	3	4	5
1							+	+	+	+	+
2	+	+	+	+	+						
3							+	+	+	+	+
4	+	+	+	+	+						
5	+	+	+	+				+	+	+	+
6	+	+	+						+	+	+
7	+	+								+	+
8	+										+
9	+										+
10	+	+	+	+	+			+	+	+	+
11	+	+	+						+	+	+
12	+	+								+	+
13	+										+
14	+										+
15						+	+	+	+	+	+
16	+	+	+	+	+	+					
17						+					

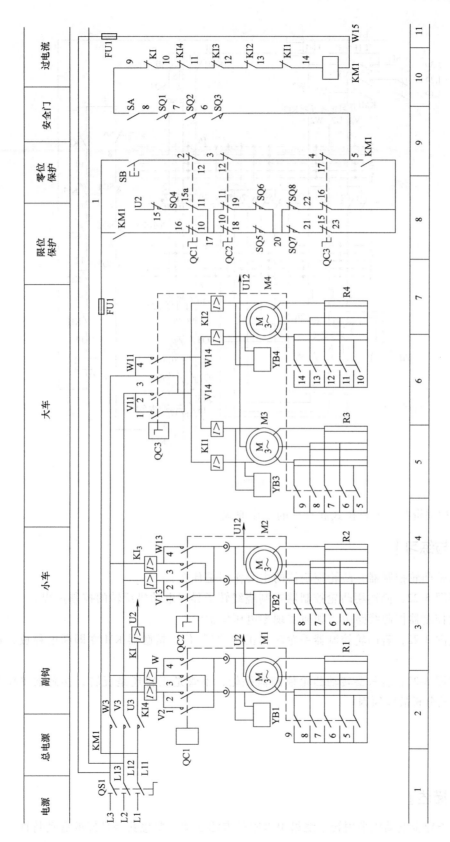

图 3-34 桥式起重机电气控制线路电气原理图

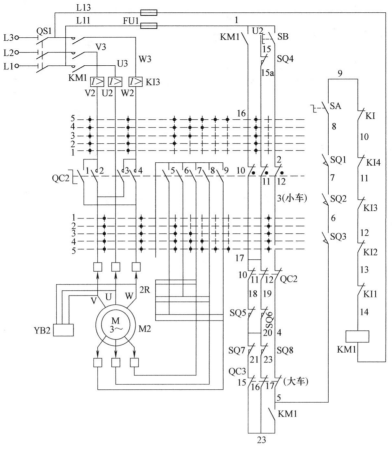

图 3-35 凸轮控制器控制线路

请查阅相关资料,分析桥式起重机的工作原理。

【思考与练习】

1. 什么是凸轮控制器?凸轮控制器的主要作用是什么?

2. 参照图 3-22,简述用凸轮控制器控制绕线转子异步电动机反转的控制过程。

3. 凸轮控制器控制线路中,如何实现零电压保护?

4. 参照图 3-22,若凸轮控制器手轮转到正转"1"位,接触器 KM 立即断电释放,试分析故障原因。

5. 参照图 3-22,若只要转动凸轮控制器手轮,不管是正转还是反转,接触器 KM 立即断电释放,试分析故障原因。

任务3

【任务描述】

绕线转子异步电动机采用转子绕组串电阻的方法起动,要想获得良好的起动特性,一般需要将起动电阻分为多级，这样所用的电器较多，控制线路复杂，设备投资大，维修不便，并且在逐级切除电阻的过程中，会产生一定的机械冲击。因此，在工矿企业中对于不频繁起动的设备，广泛采用频敏变阻器代替起动电阻来控制绕线转子异步电动机的起动。

现要求将本项目任务 1 中的绕线转子异步电动机串联电阻起动控制线路改接成绕线转子异步电动机串联频敏变阻器起动控制线路，设置相应的过载、短路、欠电压、失电压保护。起重机用绕线转子异步电动机的额定电压为 380V，额定功率为 2.2kW，额定转速为 908r/min，额定电流为 15.4A。完成上述绕线转子异步电动机串联频敏变阻器起动控制线路的安装、调试，并进行简单故障排查。

【能力目标】

1. 识别频敏变阻器，掌握其结构、符号、原理及作用，并能正确使用。

2. 正确识读绕线转子异步电动机串联频敏变阻器起动控制线路电气原理图，会分析其工作原理。

3. 能根据绕线转子异步电动机串联频敏变阻器起动控制线路电气原理图正确安装、调试线路。

4. 能根据故障现象对绕线转子异步电动机串联频敏变阻器起动控制线路的简单故障进行排查。

【相关知识】

一、频敏变阻器

频敏变阻器是一种阻抗值随频率明显变化、静止的无触点电磁元件。它实质上是一个铁心损耗非常大的三相电抗器，其外形如图 3-36a 所示，适用于绕线转子异步电动机的转子回路作起动电阻用。在电动机起动时，将频敏变阻器串接在转子绕组中，由于频敏变阻器的等效阻抗随转子电流频率的减小而减小，从而可减小机械和电流冲击，实现电动机的平稳无级起动。

频敏变阻器起动绕线转子异步电动机的优点是：起动性能好，无电流和机械冲击，结构简单，价格低廉，使用维护方便。但功率因数较低，起动转矩较小，不宜用于重载起动的场合。

常用的频敏变阻器有 BP1、BP2、BP3、BP4 和 BP6 等系列，其在电路图中的符号如图 3-36b 所示。

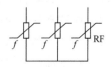

a) 外形　　　　　　　　　　　　　　　　　b) 符号

图 3-36　频敏变阻器

1. 频敏变阻器的结构

频敏变阻器主要由铁心和绕组两部分组成。它的上、下铁心用四根拉紧螺栓固定，拧开螺栓上的螺母，可以在上、下铁心之间增减非磁性垫片，以调整空气隙长度。出厂时上、下铁心间的空气隙为零。

频敏变阻器的绕组备有四个抽头，一个抽头在绕组背面，标号为N；另外三个抽头在绕组的正面，标号分别为1、2、3。抽头1-N之间为100%匝数，2-N之间为85%匝数，3-N之间为71%匝数。出厂时三组线圈均接在85%匝数抽头处，并接成星形。

2. 频敏变阻器的型号含义

频敏变阻器的型号含义如图3-37所示。

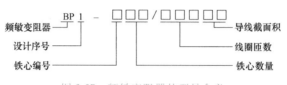

图3-37 频敏变阻器的型号含义

3. 频敏变阻器的选用

频敏变阻器的系列应根据电动机所拖动生产机械的起动负载特性和操作频繁程度来选择，再按电动机功率选择其规格。频敏变阻器大致的适用场合见表3-12。

表 3-12 频敏变阻器大致的适用场合

负载特性			轻载	重载
适用频敏变阻器系列	频繁程度	偶尔	BP1、BP2、BP4	BP4G、BP6
		频繁	BP3、BP1、BP2	

4. 频敏变阻器的安装与使用

1）频敏变阻器应牢固地固定在基座上，当基座为铁磁物质时应在中间垫放10mm以上的非磁性垫片，以防影响频敏变阻器的特性。同时变阻器还应可靠接地。

2）连接线应按电动机转子额定电流选用相应截面积的电缆线。

3）试车前，应先测量频敏变阻器对地绝缘电阻，其值应不小于1MΩ，否则须先进行烘干处理后方可使用。

4）试车时，如发现起动转矩或起动电流过大或过小，应按以下方法对频敏变阻器的匝数和气隙进行调整。

起动电流过大、起动过快时，应换接抽头，使匝数增加，增加匝数可使起动电流和起动转矩减小。

起动电流和起动转矩过小、起动太慢时，应换接抽头，使匝数减少。可使用80%或更少的匝数，匝数减少将使起动电流和起动转矩同时增大。如果刚起动时起动转矩偏大，有机械冲击现象，而起动完成后的转速又偏低，这时可在上、下铁心间增加气隙。可拧开变阻器两面的4个拉紧螺栓的螺母，在上、下铁心之间增加非磁性垫片。增加气隙将使起动电流略微增加，起动转矩稍有减小，但起动完毕后的转矩稍有增加。

5）使用过程中应定期清除尘垢，并检查线圈的绝缘电阻。

二、转子绕组串接频敏变阻器起动控制线路

转子绕组串接频敏变阻器起动控制线路电气原理图如图 3-38 所示。

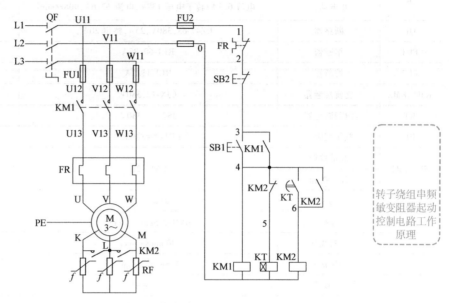

图 3-38 转子绕组串接频敏变阻器起动控制线路电气原理图

电路的工作原理如下：先合上电源开关 QF。

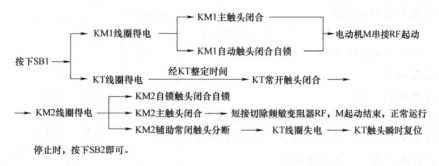

停止时，按下 SB2 即可。

【任务实施】

一、使用材料、工具与仪表

1）完成本任务所需工具与仪表为：螺钉旋具、尖嘴钳、斜嘴钳、剥线钳，压线钳、万用表等。

2）完成本任务所需电器元件明细表见表 3-13。

二、安装步骤及工艺要求

1. 检测电器元件

根据表 3-13 配齐所用电器元件，其各项技术指标均应符合规定要求，目测其外观无损

表 3-13　绕线转子异步电动机串联频敏变阻器起动控制线路电器元件明细表

代号	元件名称	型号规格	数量	备注
M	绕线转子异步电动机	YZR132M1-6,2.2kW,星形联结,定子电压 380V,电流 6.1A;转子电压 132V,电流 12.6A;908r/min	1	
QF	断路器	DZ47-63,380V,25A,整定 20A	1	
FU1	熔断器	RL1-60/25A	3	
FU2	熔断器	RL1-15/2A	2	
KM1、KM2	交流接触器	CJX-22,380V	2	
KT	时间断电器	JS7-2A,380V	1	
RF	频敏变阻器	BP1-004/10003	1	
SB1、SB2	起动按钮	LA10-2H	2	绿色
	停止按钮			红色
	接线端子	JX2-Y010	2	
	导线	BVR-2.5mm^2,1mm^2	若干	
	塑料线槽	40mm×40mm	5m	
	冷压接头	2.5mm^2,1mm^2	若干	
	异形管	1.5mm^2	若干	
	开关板	木制,500mm×400mm	1	

坏,手动触头动作灵活,并用万用表进行质量检验,如不符合要求,则予以更换。

2. 绘制电器元件布置图

绕线转子异步电动机串联频敏变阻器起动控制线路电器元件布置图如图 3-39 所示。

3. 安装控制板

（1）安装电器元件

在控制板上按图 3-39 安装电器元件和走线槽,并贴上醒目的文字符号,其排列位置、相互距离应符合要求,紧固力适当,无松动现象。

（2）布线

布线时以接触器为中心,由里向外、由低至高,以先电源电路,再控制电路,最后主电路的顺序进行,以不妨碍后续布线为原则。同时,布线应层次分明,不得交叉。布线完成后如图 3-40 所示。配线的工艺要求请参照项目 1。

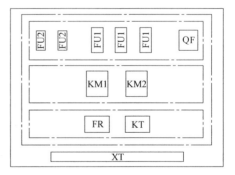

图 3-39　绕线转子异步电动机串联频敏变阻器起动控制线路电器元件布置图

（3）安装并连接频敏变阻器、控制板、电动机

1）将频敏变阻器与控制板连接,如图 3-41 所示。

2）将频敏变阻器与电动机转子连接,如图 3-42 所示。

3）将电动机定子绕组与控制板连接,如图 3-43 所示。

（4）通电前检测

通电前,应认真检查有无错接、漏接造成不能正常运行或短路事故的现象。

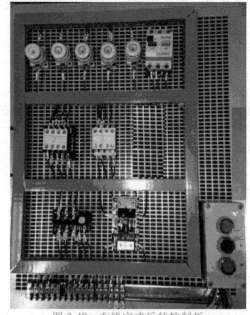

图 3-40　布线完成后的控制板

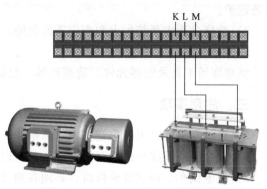

图 3-41　频敏变阻器与控制板连接

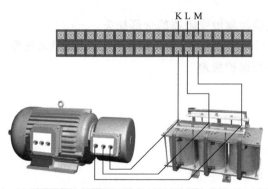

图 3-42　频敏变阻器与电动机转子连接

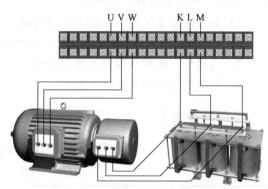

图 3-43　电动机定子绕组与控制板连接

4. 通电试车

【特别提示】

通电试车前要检查安全措施，试车时要遵守安全操作规程，出现故障时要停电检查。

试车时，用钳形电流表测量并观察电动机起动电流。试车完毕，应遵循停转、切断电源、拆除三相电流线、拆除电动机定子绕组线和转子绕组线的顺序。

5. 故障排查

（1）故障检修

在控制电路或主电路中人为设置电气故障两处，由学生自行检修。其检修步骤及要求是：

1）用通电试验法观察故障现象。合上电源开关 QF，按规定的操作顺序操作，注意观察电动机的运行情况，各元器件及电路的工作是否满足控制要求。操作过程中若发现异常现象，应立即断电检查。

2）根据观察到的故障现象结合电路图分析故障范围，并在电路图上标出故障部位的最小范围。

3）用测量法准确、迅速地找出故障点并采取正确的方法迅速排除故障。

4）通电试车，确认故障是否排除。

（2）检修注意事项

1）出现故障后，学生应独立进行检修。但通电试车或带电检修时，必须由指导教师在现场监护。

2）检修过程中严禁扩大和产生新的故障，否则要立即停车检修。

6. 整理现场

整理现场工具及电器元件，清理现场，根据工作过程填写任务书，整理工作资料。

三、注意事项

1）频敏变阻器必须采取遮护或隔离措施，以防止发生触电事故。

2）控制板外配线必须用套管加以防护，以确保安全。

3）通电试车、调试及检修时，必须在指导教师的监护和允许下进行。

4）如果起动电流过小、起动转矩太小、起动时间过长，应换接频敏变阻器的抽头，使匝数减少，一般使用80%的抽头。

5）如果起动电流过大、起动时间过短，应换接频敏变阻器的全部抽头。

6）如果起动时伴有机械冲击现象，起动完毕后转速又偏低，应增加频敏变阻器的铁心气隙。

7）电动机、频敏变阻器及按钮金属外壳必须保护接地。

8）要做到安全操作和文明生产。

【任务评价】

学生完成本任务的考核评价细则见评分记录表（表3-14）。

表3-14　技能训练考核评分记录表

情境内容	配分	评 分 标 准	扣分
识读电路图	15	1. 不能正确识读电器元件，每处扣1分 2. 不能正确分析该电路工作原理，扣5分	
装前检查	5	电器元件漏检或错检，每处扣1分	
安装电器元件	15	1. 不按布置图安装，扣15分	
		2. 电器元件安装不牢固，每只扣4分	
		3. 电器元件安装不整齐、不均匀、不合理，每只扣3分	
		4. 损坏电器元件，扣15分	
布线	30	1. 不按电路图接线，扣25分	
		2. 布线不符合要求： 　主电路，每根扣4分 　控制电路，每根扣2分	
		3. 接点不符合要求，每个接点扣1分	
		4. 损伤导线绝缘或线芯，每根扣5分	
		5. 漏装或套错编码套管，每个扣1分	

（续）

情境内容	配分	评 分 标 准	扣分
通电试车	30	1. 第一次试车不成功，扣 10 分	
		2. 第二次试车不成功，扣 20 分	
		3. 第三次试车不成功，扣 30 分	
资料整理	5	任务单填写不完整，扣 2~5 分	
安全文明生产		违反安全文明生产规程，扣 2~40 分	
定额时间 2h		每超时 5min 以内以扣 3 分计算，但总扣分不超过 10 分	
备注		除定额时间外，各情境的最高扣分不应超过配分数	
开始时间		结束时间　　　　　　　　　　　　得分	

【任务拓展】

自动与手动相互转换的绕线转子异步电动机串联频敏变阻器起动控制线路如图 3-44 所示，起动过程可以利用转换开关 SA 实现自动控制与手动控制的转换。

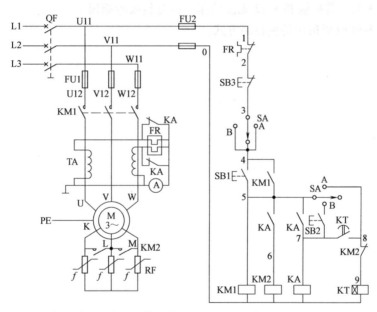

图 3-44　自动与手动相互转换的绕线转子异步电动机串联频敏变阻器起动控制线路

采用自动控制时，将转换开关 SA 扳到自动位置（即 A 位置）即可，线路的工作原理如下（先合上电源开关 QF）：

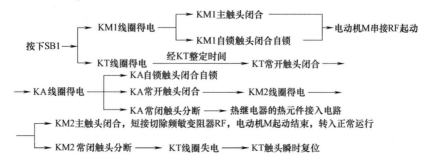

需停止时，按下 SB3 即可。

起动过程中，中间继电器 KA 未得电，KA 的两对常闭触头将热继电器 FR 的热元件短接，以免因起动时间过长，而使热继电器过热产生误动作。起动结束后，中间继电器 KA 得电动作，其两对常闭触头分断，FR 的热元件接入主电路工作。电流互感器 TA 的作用是将主电路的大电流变换成小电流后串入热继电器的热元件反映过载程度。

采用手动控制时，将转换开关 SA 扳到手动位置（即 B 位置），这样时间继电器 KT 不起作用，用按钮 SB2 手动控制中间继电器 KA 和接触器 KM2 的动作，完成短接频敏变阻器 RF 的工作，其工作原理读者可自行分析。

请完成上述电路的安装与调试。

【思考与练习】

1. 什么是频敏变阻器？如何正确调整频敏变阻器？

2. 参照图 3-38，简述转子绕组串接频敏变阻器起动的控制过程。

3. 参照图 3-38，若接触器 KM2 无法动作，试分析故障原因。

4. 试将图 3-38 改成按钮切换控制方式。

参 考 文 献

［1］ 李敬梅. 电力拖动控制线路与技能训练［M］. 2 版. 北京：中国劳动社会保障出版社，2013.

［2］ 王洪. 机床电气控制［M］. 北京：知识产权出版社，2017.

［3］ 岳丽英. 电气控制基础电路安装与调试［M］. 北京：机械工业出版社，2014.

［4］ 范次猛. 机电设备电气控制技术基础知识［M］. 北京：高等教育出版社，2009.

［5］ 宋涛. 电机控制线路安装与调试［M］. 北京：机械工业出版社，2012.

［6］ 潘毅，翟恩民，游建. 机床电气控制［M］. 北京：科学出版社，2009.

［7］ 谢敏玲. 电机与电气控制模块化实用教程［M］. 北京：中国水利水电出版社，2010.

［8］ 周元一. 电机与电气控制［M］. 北京：化学工业出版社，2018.